1+X职业技能等级证书（数据采集）配套教材

数据采集技术（中级）

组　编　浪潮优派科技教育有限公司
主　编　穆建平　陈天真
副主编　宋　磊　许国彬　刘　涛
参　编　李海斌　王绪良　商　程

机械工业出版社

本书为1+X职业技能等级证书（数据采集）配套教材，内容涵盖1+X《数据采集职业技能等级标准》规定的技能要求。

本书以项目任务驱动，围绕企业级应用进行项目任务设计，讲解了不同类型数据采集的实现，全书共6个项目，包括Scrapy框架网页数据采集、Windows操作系统数据采集、Linux基本操作、Apache容器数据采集、Tomcat容器数据采集和JavaScript埋点式数据采集。本书理论和实践相结合，由浅入深，内容实用，可操作性强。

本书适用于1+X数据采集职业技能等级证书培训，也可以作为各类职业院校大数据及相关专业的教材，还可作为数据采集从业人员的参考用书。

本书配有电子课件等教学资源，教师可登录机械工业出版社教育服务网（www.cmpedu.com）注册后免费下载，或联系编辑（010-88379807）咨询。

图书在版编目（CIP）数据

数据采集技术：中级/穆建平，陈天真主编．—北京：机械工业出版社，2021.6（2024.1重印）

1+X职业技能等级证书（数据采集）配套教材

ISBN 978-7-111-68414-5

Ⅰ．①数… Ⅱ．①穆… ②陈… Ⅲ．①数据采集—职业技能—鉴定—教材 Ⅳ．①TP274

中国版本图书馆CIP数据核字（2021）第107859号

机械工业出版社（北京市百万庄大街22号 邮政编码100037）
策划编辑：梁 伟　　责任编辑：梁 伟　张星瑶　徐梦然
责任校对：梁 倩　　封面设计：鞠 杨
责任印制：常天培
北京机工印刷厂有限公司印刷
2024年1月第1版第2次印刷
184mm×260mm・12印张・277千字
标准书号：ISBN 978-7-111-68414-5
定价：39.00元

电话服务　　　　　　　　　网络服务
客服电话：010-88361066　　机　工　官　网：www.cmpbook.com
　　　　　010-88379833　　机　工　官　博：weibo.com/cmp1952
　　　　　010-68326294　　金　书　网：www.golden-book.com
封底无防伪标均为盗版　　　机工教育服务网：www.cmpedu.com

在数据飞速增长的今天,数据产生的路径也多种多样,如网页数据、客户端APP数据、操作系统数据、服务容器数据等,如何快速、准确地采集这些数据成为开发人员必须面对的问题。不管是大数据、云计算还是人工智能技术的实现都离不开数据,都需要以数据为支撑,因此数据采集技术应运而生。数据采集人员可以根据数据来源的不同,选择合适的技术来实现海量数据的高效采集。

本书为数据采集的实现提供技术指导,可帮助开发人员快速实现不同类型数据的采集。

本书的特点

本书以不同类型数据采集的实现为主线,通过理论与实践相结合的方式,详细地对数据采集技术的使用进行讲解,涉及多个数据采集技术,主要包含Scrapy网络爬虫技术、Windows操作系统数据采集技术、Apache容器和Tomcat容器数据采集技术、JavaScript埋点式数据采集技术等,在提高实际开发水平和项目能力的同时,加深对理论知识的掌握。全书知识点讲解详细,在便于教师教学、学生理解的同时,还保持了整本书的知识深度。

本书结构条理清晰、内容详细,每个项目都通过项目情景、学习目标、任务描述、任务步骤、知识储备、拓展任务、任务总体评价和练习题8个模块进行相应知识的讲解。其中,项目情景通过实际情景对本项目学习的主要内容进行讲解,学习目标对本项目内容的学习提出要求、任务描述对当前任务的实现进行概述,任务步骤对当前任务进行具体的实现,知识储备对当前项目所需知识进行讲解,拓展任务对当前知识进行补充,使学生全面掌控所讲内容。

本书的主要内容

本书共6个项目。

项目1从网页数据采集开始,分别讲述了Scrapy的安装、项目结构、采集流程以及操作命令使用、Spider和Selectors编写、数据保存等。

项目2详细介绍了Windows操作系统数据采集的过程,包含操作系统结构、进程及进程管理、资源分配与调度、设备管理、文件管理系统、Windows的种类与应用、Windows的Shell脚本以及Windows用户的日志数据拆分。

项目3详细介绍了Linux基本操作,包括Linux发展史、Linux在各领域的发展、Linux常见发行版、用户操作、目录操作、文件操作以及Linux的Shell脚本等。

项目4详细介绍了Apache容器数据采集,包括中间件容器的概述、Apache的历史与发展、Apache的管理与使用以及Apache日志文件等。

项目5详细介绍了Tomcat容器数据采集,包括Tomcat的应用和Linux下查看Tomcat状态和日志。

PREFACE

项目6详细介绍了JavaScript埋点式数据采集，包括JavaScript埋点式数据采集的意义、埋点技术分析以及埋点实现方案等。

教学建议

项　　目	操作学时	理论学时
项目1　Scrapy框架网页数据采集	4	4
项目2　Windows操作系统数据采集	4	4
项目3　Linux基本操作	4	4
项目4　Apache容器数据采集	4	4
项目5　Tomcat容器数据采集	4	4
项目6　JavaScript埋点式数据采集	4	4

本书由浪潮优派科技教育有限公司组编，由穆建平、陈天真任主编，宋磊、许国彬、刘涛任副主编，参与编写的还有李海斌、王绪良、商程。

由于编者水平有限，书中难免出现疏漏或不足之处，恳请读者批评指正。

编　者

二维码索引

视频名称	二维码	页码	视频名称	二维码	页码
安装Scrapy		2	Linux下Apache日志分析与查看		105
Scrapy框架网页数据采集		7	Windows下Apache容器数据采集		116
Windows数据收集器的使用		28	Tomcat安装		132
Windows日志数据采集		37	Tomcat日志配置远程rsyslog采集		140
Linux环境安装		52	Linux下Tomcat日志数据采集		150
Linux常见命令操作		70	初识JavaScript埋点式数据采集		162
Linux下Apache的安装		88	JavaScript埋点采集用户网页浏览日志		173
Linux下Apache容器数据采集		92	—	—	—

前言

二维码索引

项目1
Scrapy框架网页数据采集　　1

任务1　安装Scrapy　　2
任务2　Scrapy框架网页数据采集　　7
任务总体评价　　24
练习题　　24

项目2
Windows操作系统数据采集　　27

任务1　Windows数据收集器的使用　　28
任务2　Windows日志数据采集　　37
任务总体评价　　48
练习题　　49

项目3
Linux基本操作　　51

任务1　Linux环境安装　　52
任务2　Linux常见命令操作　　70
任务总体评价　　85
练习题　　85

项目4
Apache容器数据采集　　87

任务1　Linux下Apache的安装　　88

任务2　Linux下Apache容器数据采集　　92
任务3　Linux下Apache日志分析与查看　　105
任务4　Windows下Apache容器数据采集　　116
任务总体评价　　128
练习题　　128

项目5
Tomcat容器数据采集　　131

任务1　Tomcat安装　　132
任务2　Tomcat日志配置远程rsyslog采集　　140
任务3　Linux下Tomcat日志数据采集　　150
任务总体评价　　159
练习题　　159

项目6
JavaScript埋点式数据采集　　161

任务1　初识JavaScript埋点式数据采集　　162
任务2　JavaScript埋点采集用户网页浏览日志　　173
任务总体评价　　184
练习题　　184

参考文献　　186

Project 1

项目 1

Scrapy框架网页数据采集

项目情境

经理：小张，Python基础学习完之后，你去调研一下使用什么框架爬取网络数据比较好？

小张：经理，经过查阅资料，发现多种框架，用得比较多的是Scrapy。

经理：你了解Scrapy框架吗？知道Scrapy数据流程吗？

小张：不清楚。

经理：抓紧时间学习一下吧，了解一下爬虫的相关概念，后面有一项任务需要用到Scrapy框架。

小张：好的，没问题。

经理：学习过程中，最好通过1、2个案例来检验一下是否学会该框架了。

小张：好的。

小张和经理谈完话后开始学习Scrapy框架，打算使用Scrapy爬取Scrapy网站的数据并保存为JSON格式，除此之外还想尝试爬取慕课网站的数据并保存为CSV格式。学习Scrapy的步骤为：

步骤一：安装Scrapy软件。

步骤二：使用Scrapy爬取Scrapy官网数据保存为JSON格式。

步骤三：使用Scrapy爬取慕课网数据并保存为CSV格式。

学习目标

【知识目标】

- 掌握网络爬虫的实现
- 掌握Scrapy框架的概念
- 掌握Scrapy的项目结构
- 掌握Scrapy数据流程
- 掌握Scrapy框架的使用方法

数据采集技术（中级）

【技能目标】
- 能够成功安装Scrapy框架
- 能够使用Scrapy框架爬取数据
- 能够将爬取数据保存为多种格式

任务1 安装Scrapy

任务描述

Scrapy是一个为了实现爬取网站数据，提取结构性数据而设计的Python应用框架。本任务是安装Scrapy。安装思路如下：

（1）安装Python依赖

（2）安装Python

（3）安装Scrapy

扫码看视频

任务步骤

第一步：安装Python 3.7所需的依赖，否则安装后没有pip3包，代码如下：

```
yum install zlib-devel bzip2-devel openssl-devel ncurses-devel sqlite-devel readline-devel tk-devel libffi-devel gcc make
```

执行代码，效果如图1-1所示。

第二步：使用wget https://www.python.org/ftp/python/3.7.0/Python-3.7.0.tar命令下载Python 3.7版本压缩文件，效果如图1-2所示。

第三步：输入tar -xvjf Python-3.7.0.tar.xz命令对Python安装包进行解压，运行后效果如图1-3所示。

第四步：编译Python，代码如下：

```
mkdir /usr/local/python3 #创建编译安装目录
cd Python-3.7.0
./configure --prefix=/usr/local/python3
```

执行代码，效果如图1-4所示。

第五步：使用make && make install命令安装Python，执行代码效果如图1-5所示。

第六步：创建软链接，命令如下：

---

  ln –s /usr/local/python3/bin/python3 /usr/local/bin/python3

  ln –s /usr/local/python3/bin/pip3 /usr/local/bin/pip3

```
  Verifying  : readline-devel-6.2-11.el7.x86_64                    22/29
  Verifying  : libxcb-devel-1.13-1.el7.x86_64                      23/29
  Verifying  : pcre-devel-8.32-17.el7.x86_64                       24/29
  Verifying  : sqlite-devel-3.7.17-8.el7_7.1.x86_64                25/29
  Verifying  : libX11-devel-1.6.7-2.el7.x86_64                     26/29
  Verifying  : libuuid-devel-2.23.2-63.el7.x86_64                  27/29
  Verifying  : 1:tcl-devel-8.5.13-8.el7.x86_64                     28/29
  Verifying  : libXau-devel-1.0.8-2.1.el7.x86_64                   29/29

Installed:
  bzip2-devel.x86_64 0:1.0.6-13.el7
  libffi-devel.x86_64 0:3.0.13-19.el7
  ncurses-devel.x86_64 0:5.9-14.20130511.el7_4
  openssl-devel.x86_64 1:1.0.2k-19.el7
  readline-devel.x86_64 0:6.2-11.el7
  sqlite-devel.x86_64 0:3.7.17-8.el7_7.1
  tk-devel.x86_64 1:8.5.13-6.el7
  zlib-devel.x86_64 0:1.2.7-18.el7

Dependency Installed:
  expat-devel.x86_64 0:2.1.0-11.el7
  fontconfig-devel.x86_64 0:2.13.0-4.3.el7
  freetype-devel.x86_64 0:2.8-14.el7
  keyutils-libs-devel.x86_64 0:1.5.8-3.el7
  krb5-devel.x86_64 0:1.15.1-46.el7
  libX11-devel.x86_64 0:1.6.7-2.el7
  libXau-devel.x86_64 0:1.0.8-2.1.el7
  libXft-devel.x86_64 0:2.3.2-2.el7
  libXrender-devel.x86_64 0:0.9.10-1.el7
  libcom_err-devel.x86_64 0:1.42.9-17.el7
  libpng-devel.x86_64 2:1.5.13-7.el7_2
  libselinux-devel.x86_64 0:2.5-15.el7
  libsepol-devel.x86_64 0:2.5-10.el7
  libuuid-devel.x86_64 0:2.23.2-63.el7
  libverto-devel.x86_64 0:0.2.5-4.el7
  libxcb-devel.x86_64 0:1.13-1.el7
  pcre-devel.x86_64 0:8.32-17.el7
  tcl.x86_64 1:8.5.13-8.el7
  tcl-devel.x86_64 1:8.5.13-8.el7
  tk.x86_64 1:8.5.13-6.el7
  xorg-x11-proto-devel.noarch 0:2018.4-1.el7

Complete!
```

图1-1 安装Python依赖包

```
[root@192 master]# wget https://www.python.org/ftp/python/3.7.0/Python-3.7.0.tar
.xz
--2020-08-19 04:19:32--  https://www.python.org/ftp/python/3.7.0/Python-3.7.0.ta
r.xz
Resolving www.python.org (www.python.org)... 151.101.108.223, 2a04:4e42:36::223
Connecting to www.python.org (www.python.org)|151.101.108.223|:443... connected.
HTTP request sent, awaiting response... 200 OK
Length: 16922100 (16M) [application/octet-stream]
Saving to: 'Python-3.7.0.tar.xz'

100%[====================================>] 16,922,100   120KB/s   in 2m 10s

2020-08-19 04:21:43 (127 KB/s) - 'Python-3.7.0.tar.xz' saved [16922100/16922100]
```

图1-2 下载Python

```
Python-3.7.0/Objects/clinic/bytearrayobject.c.h
Python-3.7.0/Objects/clinic/enumobject.c.h
Python-3.7.0/Objects/clinic/bytesobject.c.h
Python-3.7.0/Objects/clinic/floatobject.c.h
Python-3.7.0/Objects/clinic/funcobject.c.h
Python-3.7.0/Objects/clinic/longobject.c.h
Python-3.7.0/Objects/clinic/dictobject.c.h
Python-3.7.0/Objects/clinic/structseq.c.h
Python-3.7.0/Objects/clinic/tupleobject.c.h
Python-3.7.0/Objects/clinic/moduleobject.c.h
Python-3.7.0/Objects/clinic/odictobject.c.h
Python-3.7.0/Objects/bytearrayobject.c
Python-3.7.0/Objects/typeobject.c
Python-3.7.0/Objects/lnotab_notes.txt
Python-3.7.0/Objects/methodobject.c
Python-3.7.0/Objects/tupleobject.c
Python-3.7.0/Objects/obmalloc.c
Python-3.7.0/Objects/object.c
Python-3.7.0/Objects/abstract.c
Python-3.7.0/Objects/listobject.c
Python-3.7.0/Objects/bytes_methods.c
Python-3.7.0/Objects/dictnotes.txt
Python-3.7.0/Objects/typeslots.inc
[root@192 master]#
```

图1-3　解压Python

```
checking for ensurepip... upgrade
checking if the dirent structure of a d_type field... yes
checking for the Linux getrandom() syscall... yes
checking for the getrandom() function... no
checking for pkg-config... /usr/bin/pkg-config
checking whether compiling and linking against OpenSSL works... yes
checking for X509_VERIFY_PARAM_set1_host in libssl... yes
checking for --with-ssl-default-suites... python
configure: creating ./config.status
config.status: creating Makefile.pre
config.status: creating Misc/python.pc
config.status: creating Misc/python-config.sh
config.status: creating Modules/ld_so_aix
config.status: creating pyconfig.h
creating Modules/Setup
creating Modules/Setup.local
creating Makefile


If you want a release build with all stable optimizations active (PGO, etc),
please run ./configure --enable-optimizations
```

图1-4　编译Python

```
rm -f /usr/local/python3/bin/2to3
(cd /usr/local/python3/bin; ln -s 2to3-3.7 2to3)
rm -f /usr/local/python3/bin/pyvenv
(cd /usr/local/python3/bin; ln -s pyvenv-3.7 pyvenv)
if test "x" != "x" ; then \
        rm -f /usr/local/python3/bin/python3-32; \
        (cd /usr/local/python3/bin; ln -s python3.7-32 python3-32) \
fi
rm -f /usr/local/python3/share/man/man1/python3.1
(cd /usr/local/python3/share/man/man1; ln -s python3.7.1 python3.1)
if test "xupgrade" != "xno"  ; then \
        case upgrade in \
                upgrade) ensurepip="--upgrade" ;; \
                install|*) ensurepip="" ;; \
        esac; \
         ./python -E -m ensurepip \
                $ensurepip --root=/ ; \
fi
Looking in links: /tmp/tmpj9id6ush
Collecting setuptools
Collecting pip
Installing collected packages: setuptools, pip
Successfully installed pip-10.0.1 setuptools-39.0.1
[root@192 Python-3.7.0]#
```

图1-5　安装Python

第七步：验证是否成功，命令如下：

```
python3 –V
pip3 –V
```

执行命令，效果如图1-6所示。

```
[root@192 Python-3.7.0]# python3 -V
Python 3.7.0
[root@192 Python-3.7.0]# pip3 -V
pip 10.0.1 from /usr/local/python3/lib/python3.7/site-packages/pip (python 3.7)
[root@192 Python-3.7.0]#
```

图1–6　显示Python版本

第八步：使用pip3 install scrapy命令安装Scrapy，效果如图1–7所示。

```
  Downloading https://files.pythonhosted.org/packages/ae/e7/d9c3a176ca4b02024deb
f82342dab36efadfc5776f9c8db077e8f6e71821/pycparser-2.20-py2.py3-none-any.whl (11
2kB)
    100% |████████████████████████████████| 112kB 171kB/s
Collecting idna>=2.5 (from hyperlink>=17.1.1->Twisted>=17.9.0->scrapy)
  Downloading https://files.pythonhosted.org/packages/a2/38/928ddce2273eaa564f6f
50de919327bf3a00f091b5baba8dfa9460f3a8a8/idna-2.10-py2.py3-none-any.whl (58kB)
    100% |████████████████████████████████| 61kB 182kB/s
Installing collected packages: six, w3lib, pycparser, cffi, cryptography, itemad
apter, lxml, pyasn1, pyasn1-modules, attrs, service-identity, PyHamcrest, Automa
t, idna, hyperlink, incremental, zope.interface, constantly, Twisted, pyOpenSSL,
 queuelib, PyDispatcher, protego, cssselect, parsel, jmespath, itemloaders, scra
py
  Running setup.py install for PyDispatcher ... done
  Running setup.py install for protego ... done
Successfully installed Automat-20.2.0 PyDispatcher-2.0.5 PyHamcrest-2.0.2 Twiste
d-20.3.0 attrs-19.3.0 cffi-1.14.2 constantly-15.1.0 cryptography-3.0 cssselect-1
.1.0 hyperlink-20.0.1 idna-2.10 incremental-17.5.0 itemadapter-0.1.0 itemloaders
-1.0.2 jmespath-0.10.0 lxml-4.5.2 parsel-1.6.0 protego-0.1.16 pyOpenSSL-19.1.0 p
yasn1-0.4.8 pyasn1-modules-0.2.8 pycparser-2.20 queuelib-1.5.0 scrapy-2.3.0 serv
ice-identity-18.1.0 six-1.15.0 w3lib-1.22.0 zope.interface-5.1.0
You are using pip version 10.0.1, however version 20.2.2 is available.
You should consider upgrading via the 'pip install --upgrade pip' command.
[root@192 Python-3.7.0]#
```

图1–7　安装Scrapy

第九步：创建Scrapy软链接，命令如下：

```
ln –s /usr/local/python3/bin/scrapy  /usr/bin/scrapy
```

第十步：输入scrapy –V，验证软链接，效果如图1–8所示，则Scrapy安装成功。

```
bash: scrapy: command not found...
[root@192 Python-3.7.0]# ln -s /usr/local/python3/bin/scrapy  /usr/bin/scrapy
[root@192 Python-3.7.0]# scrapy -V
Scrapy 2.3.0 - no active project

Usage:
  scrapy <command> [options] [args]

Available commands:
  bench         Run quick benchmark test
  commands
  fetch         Fetch a URL using the Scrapy downloader
  genspider     Generate new spider using pre-defined templates
  runspider     Run a self-contained spider (without creating a project)
  settings      Get settings values
  shell         Interactive scraping console
  startproject  Create new project
  version       Print Scrapy version
  view          Open URL in browser, as seen by Scrapy

  [ more ]      More commands available when run from project directory

Use "scrapy <command> -h" to see more info about a command
[root@192 Python-3.7.0]#
```

图1–8　Scrapy安装成功

Scrapy简介

　　Scrapy是一个为了实现爬取网站数据、提取结构性数据而设计的Python应用框架。其最初是为了页面抓取所设计的，随着Scrapy的频繁使用，其也可以应用在数据挖掘、信息处理或存储历史数据等一系列的程序中。另外，Scrapy使用了Twisted异步网络库来处理网络通信，架构清晰，模块之间的耦合程度低，可扩展性强，并且在使用时只需定制开发几个模块即可轻松实现一个爬虫。Scrapy整体架构如图1-9所示。

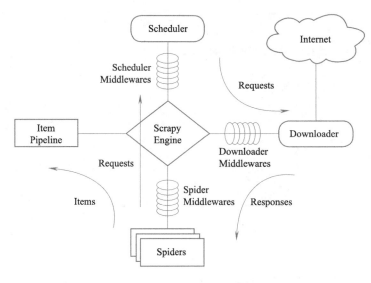

图1-9　Scrapy整体架构

　　通过图1-9可知，Scrapy框架主要包括了以下几个部分：

- Scrapy Engine（引擎）

　　主要用来处理整个系统的数据流、触发事务，负责Spider、ItemPipeline、Downloader、Scheduler中间的通信信号、数据传递等。

- Scheduler（调度器）

　　可以用来接受引擎发送过来的Request请求，之后加入整理排序后的等待队列中，并在引擎需要时返回给引擎。

- Downloader（下载器）

　　主要负责下载Scrapy Engine（引擎）发送的所有Requests请求，并将其获取到的Responses交还给Scrapy Engine（引擎），由引擎交给Spider来处理。简单来说就是下载网页内容,并将网页内容返回给爬虫。

- Spider(爬虫)

爬虫是主要工作者,用于从特定的网页中提取自己需要的信息,即所谓的实体(Item)。用户也可以从中提取链接,让Scrapy继续抓取下一个页面。可以负责处理所有Responses,并从中分析提取数据,获取Item字段需要的数据,之后将需要跟进的URL提交给引擎,再次进入Scheduler(调度器)。

- Item Pipeline(管道)

负责处理爬虫从网页中抽取的实体,主要的功能是持久化实体、验证实体的有效性、清除不需要的信息。当页面被爬虫解析后,将被发送到项目管道,并经过几个特定的次序处理数据,是进行后期处理(详细分析、过滤、存储等)的地方。

- Downloader Middlewares(下载中间件)

位于Scrapy引擎和下载器之间的框架,主要是处理Scrapy引擎与下载器之间的请求及响应,可以当作一个可以自定义扩展下载功能的组件。

- Spider Middlewares(Spider中间件)

介于Scrapy引擎和爬虫之间的框架,主要工作是处理爬虫的响应输入和请求输出,可以理解为是一个可以自定扩展和操作引擎和Spider中间通信的功能组件(比如进入Spider的Responses和从Spider出去的Requests)。

- Scheduler Middlewares(调度中间件)

介于Scrapy引擎和调度器之间的中间件,从Scrapy引擎发送到调度器的请求和响应。

任务2 Scrapy框架网页数据采集

安装完Scrapy后,需要对浪潮优派教育网站进行数据的爬取来练习Scrapy爬取项目的数据流程及文件的编写。本任务是爬取浪潮优派教育网站数据。实现该任务的思路如下:

(1)打开浪潮优派教育网站,并分析网站

扫码看视频

（2）创建Scrapy

（3）设置爬取条件

（4）爬取浪潮优派教育网站

（5）保存数据

任务步骤

第一步：打开浏览器。输入网站地址：http://www.inspuredu.com/sysConfigItem/showList，页面内容如图1-10所示。

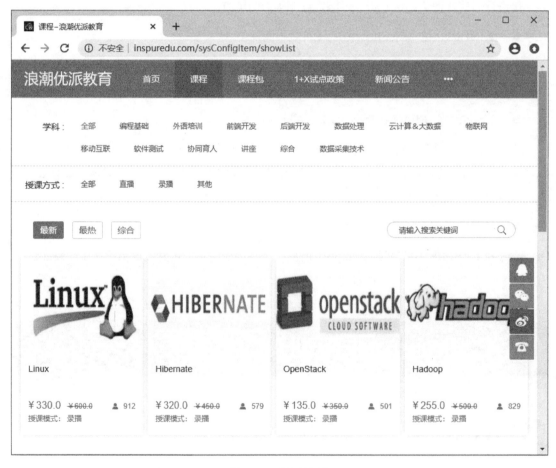

图1-10 页面效果

第二步：分析页面。按<F12>键进入页面代码查看工具，找到图中内容所在区域并展开页面结构代码，如图1-11所示。

第三步：明确获取内容。这里需要获取的信息分别是课程名称、课程简介、课程价格、学生人数、授课模式、图片地址。

```html
<div class="parcel-box">
    <div class="picture" style="background-image:url(//image.yunduoketang.com/course/6821/20160415/b2784d16-2111-428b-ab81-6c983aa8eaa9.jpg)"></div>
    <div>
        <div class="stageMove">
            <h5>Ajax</h5>
            <p class="stage-con">AJAX 指异步 JavaScript 及 XML（Asynchronous JavaScript And XML）。</p>
        </div>
        <div class="stage-price">
            <div class="allsta-bot">
                <div class="clear">
                    <span class="rmb fl">
                        <!--V6.7 添加隐藏定价和不对外售卖-->
                        <b>￥192.0</b>
                        <!--isHideOriginalPrice=1是隐藏定价-->
                        <s>￥300.0</s>
                    </span>
                    <span class="people fr">
                        <i class="iconfont"></i>
                        <em>465</em>
                    </span>
                </div>
                <p class="pattern">…</p>
```

图1-11 查看并分析页面结构

第四步：创建项目。打开命令窗口，输入命令scrapy startproject ScrapyProject，创建名为"ScrapyProject"的爬虫项目，如图1-12所示。

```
[root@192 Python-3.7.0]# scrapy startproject ScrapyProject
New Scrapy project 'ScrapyProject', using template directory '/usr/local/python3
/lib/python3.7/site-packages/scrapy/templates/project', created in:
    /home/master/Python-3.7.0/ScrapyProject

You can start your first spider with:
    cd ScrapyProject
    scrapy genspider example example.com
[root@192 Python-3.7.0]#
```

图1-12 创建项目

第五步：自定义爬取字段。进入项目，打开items.py文件，创建名为"CourseItem"的类并定义相关的字段，代码如下：

```
# -*- coding: utf-8 -*-

# Define here the models for your scraped items
#
# See documentation in:
# https://doc.Scrapy.org/en/latest/topics/items.html
import Scrapy
class ScrapyprojectItem(Scrapy.Item):
```

```
        # define the fields for your item here like:
        # name = Scrapy.Field()
        pass
    class CourseItem(Scrapy.Item):
        # 课程名称
        name=Scrapy.Field();
        # 课程简介
        introduction = Scrapy.Field();
        # 课程价格
        NewPrice=Scrapy.Field();
        OldPrice = Scrapy.Field();
        # 学生人数
        number = Scrapy.Field();
        # 授课模式
        type = Scrapy.Field();
        # 标题图片地址
        image_url=Scrapy.Field();
```

第六步:爬虫文件创建。在命令窗口,输入cd ScrapyProject命令进行项目,之后输入Scrapy genspider MySpider www.inspuredu.com/sysConfigItem/showList命令创建爬虫文件,爬虫文件代码如下,效果如图1-13所示。

```
    # -*- coding: utf-8 -*-
    import Scrapy
    class MyspiderSpider(Scrapy.Spider):
        name = 'MySpider'
        allowed_domains = ['www.inspuredu.com/sysConfigItem/showList']
        start_urls = ['http://www.inspuredu.com/sysConfigItem/showList/']
        def parse(self, response):
            pass
```

```
[root@192 Python-3.7.0]# cd ScrapyProject/
[root@192 ScrapyProject]# scrapy genspider MySpider www.inspuredu.com/sysConfigItem/showList
Created spider 'MySpider' using template 'basic' in module:
  ScrapyProject.spiders.MySpider
[root@192 ScrapyProject]#
```

图1-13 创建爬虫文件

第七步:爬取所有列表内容。编辑MySpider.py文件,导入Selector并解析Response对象,之后使用XPath方式选取所有列表内容,代码如下:

```
import Scrapy
# 导入选择器
from Scrapy.selector import Selector
class MyspiderSpider(Scrapy.Spider):
    name = 'MySpider'
    allowed_domains = ['www.inspuredu.com/sysConfigItem/showList']
    start_urls = ['http://www.inspuredu.com/commodity/ showList ']
    def parse(self, response):
        # 解析Response对象
        sel = Selector(response)
        # 使用xpath的方式选取所有列表内容
        sels = sel.xpath('./body/div[1]/ul/li/div[@class="parcel-box"]')
        print(sels)
```

代码编写完成后，在命令窗口输入Scrapy crawl MySpider命令运行代码进行测试，效果如图1-14所示。

```
'scrapy.spidermiddlewares.urllength.UrlLengthMiddleware',
'scrapy.spidermiddlewares.depth.DepthMiddleware']
2020-08-19 05:18:38 [scrapy.middleware] INFO: Enabled item pipelines:
[]
2020-08-19 05:18:38 [scrapy.core.engine] INFO: Spider opened
2020-08-19 05:18:38 [scrapy.extensions.logstats] INFO: Crawled 0 pages (at 0 pag
es/min), scraped 0 items (at 0 items/min)
2020-08-19 05:18:38 [scrapy.extensions.telnet] INFO: Telnet console listening on
 127.0.0.1:6023
2020-08-19 05:18:39 [scrapy.core.engine] DEBUG: Crawled (200) <GET http://www.in
spuredu.com/robots.txt> (referer: None)
2020-08-19 05:18:39 [scrapy.core.engine] DEBUG: Crawled (404) <GET http://www.in
spuredu.com/commodity/%20showList%20> (referer: None)
2020-08-19 05:18:39 [scrapy.spidermiddlewares.httperror] INFO: Ignoring response
 <404 http://www.inspuredu.com/commodity/%20showList%20>: HTTP status code is no
t handled or not allowed
2020-08-19 05:18:39 [scrapy.core.engine] INFO: Closing spider (finished)
2020-08-19 05:18:39 [scrapy.statscollectors] INFO: Dumping Scrapy stats:
{'downloader/request_bytes': 547,
 'downloader/request_count': 2,
 'downloader/request_method_count/GET': 2,
 'downloader/response_bytes': 2874,
 'downloader/response_count': 2,
 'downloader/response_status_count/200': 1,
```

图1-14 爬取所有列表内容

通过查看输出日志，发现网站访问成功了，但没有爬取到任何内容，这是因为所有的课程数据是异步加载的，因此需要通过开发者工具查找数据的真实路径，之后才可以进行数据的采集。

第八步：查找数据路径。打开开发者工具，选择"Network"→"search_data"命令，之后在General区域查看Request URL，Request URL的值就是课程数据所在的地址，效果如图1-15所示。

第九步：再次分析页面。打开"http://www.inspuredu.com/commodity/search_data"网站，在开发者工具中找到图中内容所在区域并展开页面结构代码，通过观察发现与原页面代码结构相同。

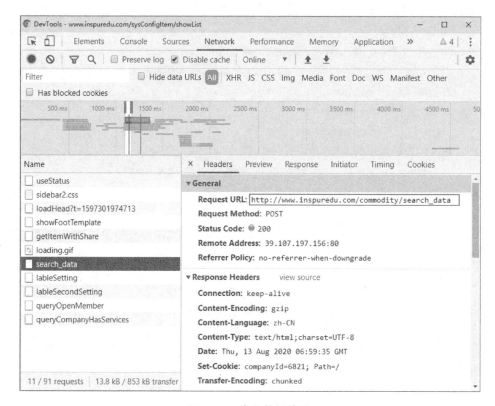

图1-15 查找数据路径

第十步：修改代码。修改第七步的代码，将allowed_domains的值修改为"www.inspuredu.com/commodity/search_data"，将start_urls值修改为"http://www.inspuredu.com/commodity/search_data"，代码如下：

```
import Scrapy
# 导入选择器
from Scrapy.selector import Selector
class MyspiderSpider(Scrapy.Spider):
    name = 'MySpider'
    allowed_domains = ['www.inspuredu.com/commodity/search_data']
    start_urls = ['http://www.inspuredu.com/commodity/search_data']
    def parse(self, response):
        # 解析Response对象
        sel = Selector(response)
```

```
# 使用xpath的方式选取所有列表内容
sels = sel.xpath('.//div[@class="parcel-box"]')
print(sels)
```

代码修改完成后，再次运行代码进行测试，效果如图1-16所示。

```
2020-08-19 05:13:04 [scrapy.extensions.telnet] INFO: Telnet console listening on
 127.0.0.1:6023
2020-08-19 05:13:04 [scrapy.core.engine] DEBUG: Crawled (200) <GET http://www.in
spuredu.com/robots.txt> (referer: None)
2020-08-19 05:13:05 [scrapy.core.engine] DEBUG: Crawled (200) <GET http://www.in
spuredu.com/commodity/search_data> (referer: None)
[<Selector xpath='./body/div[1]/ul/li/div[@class="parcel-box"]' data='<div class
="parcel-box">\n\t\t\t\t\t\t<div ...'>, <Selector xpath='./body/div[1]/ul/li/d
iv[@class="parcel-box"]' data='<div class="parcel-box">\n\t\t\t\t\t\t<div ...
'>, <Selector xpath='./body/div[1]/ul/li/div[@class="parcel-box"]' data='<div cla
ss="parcel-box">\n\t\t\t\t\t\t<div ...'>, <Selector xpath='./body/div[1]/ul/li
/div[@class="parcel-box"]' data='<div class="parcel-box">\n\t\t\t\t\t\t<div ..
.'>, <Selector xpath='./body/div[1]/ul/li/div[@class="parcel-box"]' data='<div c
lass="parcel-box">\n\t\t\t\t\t\t<div ...'>, <Selector xpath='./body/div[1]/ul/
li/div[@class="parcel-box"]' data='<div class="parcel-box">\n\t\t\t\t\t\t<div
...'>, <Selector xpath='./body/div[1]/ul/li/div[@class="parcel-box"]' data='<div
 class="parcel-box">\n\t\t\t\t\t\t<div ...'>, <Selector xpath='./body/div[1]/u
l/li/div[@class="parcel-box"]' data='<div class="parcel-box">\n\t\t\t\t\t\t<td
v ...'>, <Selector xpath='./body/div[1]/ul/li/div[@class="parcel-box"]' data='<d
iv class="parcel-box">\n\t\t\t\t\t\t<div ...'>, <Selector xpath='./body/div[1]
/ul/li/div[@class="parcel-box"]' data='<div class="parcel-box">\n\t\t\t\t\t\t<
div ...'>, <Selector xpath='./body/div[1]/ul/li/div[@class="parcel-box"]' data='
<div class="parcel-box">\n\t\t\t\t\t\t<div ...'>, <Selector xpath='./body/div[
1]/ul/li/div[@class="parcel-box"]' data='<div class="parcel-box">\n\t\t\t\t\t\t\
```

图1-16　修改代码

第十一步：爬取课程信息。继续编辑MySpider.py文件，导入items.py文件中定义的类并实例化一个信息保存容器，之后遍历列表获取所有内容并赋值给容器进行保存，代码如下：

```
# -*- coding: utf-8 -*-
import Scrapy
# 导入选择器
from Scrapy.selector import Selector
# 导入items.py文件中定义的类
from ScrapyProject.items import CourseItem
class MyspiderSpider(Scrapy.Spider):
    name = 'MySpider'
    allowed_domains = ['www.inspuredu.com/commodity/search_data']
    start_urls = ['http://www.inspuredu.com/commodity/search_data']
    def parse(self, response):
        # 解析Response对象
        sel = Selector(response)
        # 使用xpath的方式选取所有列表内容
        sels = sel.xpath('.//div[@class="parcel-box"]')
        # 实例一个容器保存爬取的信息
```

```
item = CourseItem()
# 遍历所有列表
for box in sels:
    # 获取课程名称
    item['name']= box.xpath('.//h5/text()').extract()[0].strip()
    # 获取课程简介
    item['introduction'] = box.xpath('.//p[@class="stage-con"]/text()'). extract()[0].strip()
    # 获取课程价格
    item['NewPrice'] = box.xpath(' .//b/text() | .//strong/text()').extract()[0]. strip()[1:]
    item['OldPrice'] = box.xpath(' .//s/text() | .//strong/text()').extract()[0]. strip()[1:]
    # 获取学生人数
    item['number'] = box.xpath('.//em/text()').extract()[0].strip()
    # 获取授课模式
    item['type']=box.xpath('.//p[@class="pattern"]/text()').extract()[0]. strip()[135:140]
    # 获取图片地址
    item['image_url'] = "http:"+box.xpath('.//div[@class="picture"]/@style'). extract()[0][21:-1]
    yield item
```

代码编写完成后，在命令窗口输入scrapy crawl MySpider -o data.csv命令运行代码进行课程信息的爬取并将爬取结果保存到本地文件中，效果如图1-17所示。

```
2020-08-19 05:17:23 [scrapy.core.scraper] DEBUG: Scraped from <200 http://www.in
spuredu.com/commodity/search_data>
{'NewPrice': '135.0',
 'OldPrice': '350.0',
 'image_url': 'http://image.yunduoketang.com/course/6821/20160415/77bb7277-38f7-
42aa-b9ce-559e706eb67f.jpg',
 'introduction': 'OpenStack是一个由NASA(美国国家航空航天局)和Rackspace合作研发并
发起的，以Apache许可证授权的自由软件和开放源代码项目。',
 'name': 'OpenStack',
 'number': '501',
 'type': '录播'}
2020-08-19 05:17:23 [scrapy.core.scraper] DEBUG: Scraped from <200 http://www.in
spuredu.com/commodity/search_data>
{'NewPrice': '407.0',
 'OldPrice': '500.0',
 'image_url': 'http://image.yunduoketang.com/course/6821/20160415/7b472507-ae2a-
4a90-aacf-937cd2701221.jpg',
 'introduction': '它是在数据库领域一直处于领先地位的产品。可以说Oracle数据库系统
是目前世界上流行的关系数据库管理系统，系统可移植性好、使用方便、功能强，适用于各
类大、中、小、微机环境',
 'name': 'Oracle',
 'number': '581',
 'type': '录播'}
2020-08-19 05:17:23 [scrapy.core.engine] INFO: Closing spider (finished)
```

图1-17　爬取课程信息

第十二步：查看爬取结果。信息爬取完成后，将爬取到的信息保存到data.csv文件中，打开项目文件夹，查看文件夹内容会发现当前文件夹中生成了一个data.csv文件，打开data.csv文件查看文件内容，效果如图1-18所示。

图1-18　爬取结果

至此，Scrapy框架网页数据采集完成。

1. Scrapy项目结构

每种语言的项目都有其特定的项目结构，与大多数框架一样，Scrapy同样有着它自己的结构，并且结构较为简单，可以分为3个部分，项目的整体配置文件、项目设置文件、爬虫代码编写文件，Scrapy的项目结构如图1-19所示。

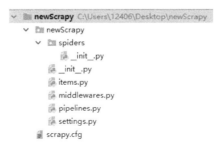

图1-19　Scrapy的项目结构

其中，Scrapy项目中各个文件的作用见表1-1。

表1-1　Scrapy项目中各个文件的作用

文件	作用
newSpider/	项目的Python模块，将会从这里引用代码
newSpider/items.py	项目的目标文件
newSpider/middlewares.py	定义项目的Spider Middlewares和Downloader Middlewares
newSpider/pipelines.py	项目的管道文件
newSpider/settings.py	项目的设置文件
newSpider/spiders/	存储爬虫代码目录
Scrapy.cfg	项目的配置文件

2．Scrapy数据流程

Scrapy是一个爬取网站数据的框架，其内部结构包含了并发请求、免登录、URL去除等相关的一系列操作，需要清楚其内部的工作流程才能更好地使用该框架。其实现流程如图1-20所示。

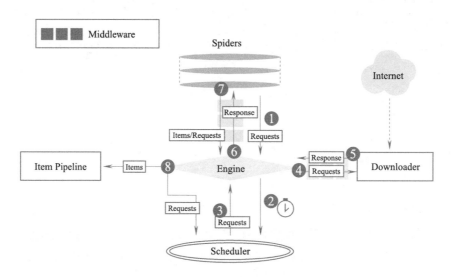

图1-20　Scrapy流程图

根据图1-20可知，Scrapy框架中的数据流主要是由引擎来控制的，但想要完成完整的爬虫还需要其他几个部分相互配合，流程如下：

1）Scrapy Engine（引擎）向Spider（爬虫）请求需要爬取的URL路径，Spider（爬虫）将爬取的URL给Scrapy Engine（引擎）。

2）Scrapy Engine（引擎）通知Scheduler（调度器），有Requests请求需要帮忙排序进入队列。

3）Scheduler（调度器）通过下载器中间件发送并处理Requests请求。

4）Scrapy Engine（引擎）通过Downloader Middlewares（下载中间件）将URL转发给Downloader（下载器）。

5）Downloader（下载器）下载URL，当页面下载完毕后，Downloader（下载器）通过Downloader Middlewares（下载中间件）将生成页面的Response发送给Scrapy Engine（引擎）。

6）Scrapy Engine（引擎）接收Response，并通过Scheduler Middlewares（调度中间件）发送给Spider（爬虫）处理。

7）Spider（爬虫）处理Response，返回Item和新的Requests请求给Scrapy Engine（引擎）。

8）Scrapy Engine（引擎）将Item给Item Pipeline（管道）进行处理，新的Requests请求给Scheduler（调度器）。

9）重复第二步到第十一步，直到Scheduler（调度器）中不存在Requests请求时，程序停止，爬虫结束。

在爬虫的实际制作过程中，使用Scrapy框架进行爬虫非常简单，只需要4个步骤，如下：

1）新建项目。

2）明确目标，也就是需要明确想要抓取的目标，即数据。

3）制作爬虫，编写爬虫代码及进行项目的相关配置，之后就可以爬取网页。

4）存储数据，通过管道的设置实现爬取内容的保存。

3．操作命令

在进行爬虫时的一些操作并不能通过内部文件的代码编写或配置实现，还需要依靠外部的一些命令才能实现，如项目的创建、运行等操作，Scrapy框架中包含的操作命令可以分为两种，一种是全局命令，不管在不在Scrapy项目中都可以使用，见表1-2。

表1-2　全局命令

命令	描述
–h	查看可用命令的列表
fetch	使用Scrapy Downloader 提取的URL
runspider	未创建项目的情况下，运行一个编写好的Spider模块
settings	规定项目的设定值
shell	给定URL的一个交互式模块

（续）

命令	描述
startproject	用于创建项目
version	显示Scrapy版本
view	使用Scrapy Downloader 提取 URL并显示在浏览器中的内容
genspider	使用内置模板在spiders文件夹下创建一个爬虫文件
bench	测试Scrapy在硬件上运行的效率

另一种是项目命令，主要使用在项目中，在项目外进行使用则无效，项目命令见表1-3。

表1-3　项目命令

命令	描述
crawl	用来使用爬虫抓取数据，运行项目
check	检查项目并由crawl命令返回
list	显示本项目中可用爬虫（Spider）的列表
edit	可以通过编辑器编辑爬虫
parse	通过爬虫分析给定的URL

"Scrapy genspider"命令主要用于爬虫文件的创建。其包含了多个参数用于可用模板的查看、指定创建模板等，在创建模板时，不指定参数会默认使用basic模版，"Scrapy genspider"命令包含的部分参数见表1-4。

表1-4　"Scrapy genspider"命令包含的部分参数

参数	描述
-l	列出所有可用模版
-d	展示模板的内容
-t	指定模版创建

4. Spider编写

在项目配置完成并且爬取内容定义完成后，就可以进行爬取代码的编写，可以通过编辑spiders文件夹下的爬虫文件实现，这个爬虫文件在项目创建时并不存在，能够手动创建，或者通过上面介绍的"Scrapy genspider"命令使用模板创建。在爬虫文件中存在一个类，在这个类中定义了爬取网站的相关操作，包含了爬取路径、如何从网页中提取数据，这些爬虫的操作都是通过多个通用的Spider参数实现的，爬虫文件中包含的通用Spider参数见表1-5。

表1-5　通用Spider参数

参数	描述
Scrapy.Spider	通用Spider
CrawlSpider	爬取一般网站
XMLFeedSpider	通过迭代节点分析XML内容
CSVFeedSpider	与XMLFeedSpider类似，但其按行遍历内容
SitemapSpider	通过Sitemaps来发现获取爬取的URL

- Scrapy.Spider

Scrapy.Spider是最简单的spider，在爬取网页时，并不存在一些特殊功能，只需给定start_urls即可获取请求结果，并通过返回结果调用parse(self,response)方法，在Scrapy.Spider中，除了包含上面的几个类属性和可重写方法外，还包含一些别的类属性和可重写方法，Scrapy.Spider包含的部分类属性和可重写方法见表1-6。

表1-6 Scrapy.Spider包含的部分类属性和可重写方法

类属性、可重写方法	描述
name	Spider名称
allowed_domains	允许爬取的域名列表
start_urls	可以抓取的URL列表
start_requests(self)	打开网页并抓取内容，必须返回一个可迭代对象
parse (self, response)	用来处理网页返回的Response，以及生成Item或者Request对象
log(self, message[, level, component])	使用Scrapy.log.msg()方法记录（log）message

- CrawlSpider

CrawlSpider是爬取网站常用的一个Spider，它在进行爬取网页时，定义了多个规则支持link的跟进。在使用CrawlSpider时，可能会出现不符合特定网站的状况，但CrawlSpider还是可以支持大多数情况的，因此可以通过少量的更改，使其在任意情况下使用。CrawlSpider除了包含与Scrapy.Spider相同的类属性和可重写方法外，还包含了一些别的类属性和可重写方法，包含的部分类属性和可重写方法见表1-7。

表1-7 部分类属性和可重写方法

类属性、可重写方法	描述
rules	包含一个（或多个）Rule对象的集合（list）。每个Rule对爬取网站的动作定义了特定表现。如果多个Rule匹配了相同的链接，则根据他们在本属性中被定义的顺序，会使用第一个Rule
parse_start_url(response)	当start_url的请求返回时，该方法被调用。该方法分析最初的返回值并必须返回一个Item对象，或者一个Request对象，或者一个可迭代的包含二者的对象
Rule(link_extractor, callback=None, cb_kwargs=None, follow=None, process_links=None, process_request=None)	定义爬取规则

其中，Rule可重写方法包含的各个参数见表1-8。

表1-8 Rule可重写方法包含的各个参数

参数	描述
link_extractor	指定爬虫如何跟随链接和提取数据
callback	指定调用函数，在每一页提取之后被调用
cb_kwargs	包含传递给回调函数的参数的字典
follow	指定是否继续跟踪链接，值为True、False
process_links	回调函数，从link_extractor中获取到链接列表时将会调用该函数，主要用来过滤
process_request	回调函数，提取到每个Request时都会调用该函数，并且必须返回一个Request或者None，可以用来过滤Request

- XMLFeedSpider

在进行爬虫时，经常会需要处理RSS订阅信息，RSS是一种基于XML标准的信息聚合技术，能够更高效、便捷地实现信息的发布、共享。如果使用以上方式进行信息的获取非常困难，Scrapy框架针对这一问题提供了XMLFeedSpider方式，其主要通过迭代器进行各个节点的迭代来实现XML源的分析。XMLFeedSpider与CrawlSpider情况基本相同，都包含与Scrapy.Spider相同的类属性和可重写方法，并且还包含其他的类属性和可重写方法，包含的部分类属性和可重写方法见表1-9。

表1-9 部分类属性和可重写方法

类属性、可重写方法	描述
iterator	选择使用的迭代器，值为itemodes、HTML、XML。默认为itemodes
itertag	定义迭代时进行匹配的节点名称
adapt_response(response)	接收响应，并在开始解析之前从爬虫中间件修改响应体
parse_node(response,selector)	回调函数，当节点匹配提供标签名时被调用
process_results(response,results)	回调函数，当爬虫返回结果时被调用

- CSVFeedSpider

CSVFeedSpider与CrawlSpider和XMLFeedSpider功能基本相同，同样是实现爬虫的一种方式，但不同的是，前面的两种方式中一种是用于通用爬虫的，能够适应各种情况；另一种则主要应用于XML文件内容的获取。另外，CSVFeedSpider与XMLFeedSpider都是通过迭代的方式进行内容的变量，只不过，XMLFeedSpider是按节点进行迭代，而CSVFeedSpider则是按行迭代并且不需要使用迭代器，其主要应用于CSV格式内容的爬虫。CSVFeedSpider同样是继承Scrapy.Spider而来，因此公共部分的类属性和可重写方法就不再介绍，CSVFeedSpider特有的常用类属性和可重写方法见表1-10。

表1-10　CSVFeedSpider特有的常用类属性和可重写方法

类属性、可重写方法	描述
delimiter	定义区分字段的分隔符
headers	从文件中可以提取字段语句的列表
parse_row(response,row)	回调函数，当爬虫返回结果时被调用，可以接收一个Response对象及一个以提供或检测出来的header为键的字典

- SitemapSpider

SitemapSpider与XMLFeedSpider都能够实现XML页面中链接地址的爬取，不同的是SitemapSpider会通过Sitemaps爬取页面中包含的全部链接地址，并且通过使用SitemapSpider还可以从robots.txt中实现sitemap链接地址的获取，SitemapSpider与以上几种情况大致相同，相同的类属性和可重写方法就不再进行介绍，SitemapSpider中特有的部分类属性见表1-11。

表1-11　SitemapSpider中特有的部分类属性

类属性	描述
sitemap_urls	爬取网站的sitemap的URL列表
sitemap_rules	定义URL路径的过滤条件
sitemap_follow	网站内链接地址的正则表达式跟踪列表
sitemap_alternate_links	指定是否跟进一个URL可选的链接

5．Selectors的编写

通过对爬虫文件的编写，在运行项目进行爬取之后，会返回一个Response对象，这个对象中就包含了完整的HTML页面信息，之后再根据需求从这个HTML源码中提取有用的数据。在Scrapy框架中包含了一套自有的数据提取机制，即选择器，能够通过特定的XPath或CSS表达式实现HTML中某个部分的选择。在使用选择器之前，需要导入Selector进行Response对象解析，目前Scrapy框架中包含了两种选择器，分别为XPath选择器和CSS选择器。

- XPath选择器

XPath的全称是"XML Path Language"，即XML路径语言，它是一种用来在XML、HTML等结构化文件中定位信息的语言，主要通过使用路径表达式来实现XML、HTML文档中的节点或节点集的选取，XPath路径表达式中包含的符号和方法见表1-12。

表1-12　XPath路径表达式中包含的符号和方法

符号和方法	意义
nodeName	选取此节点的所有节点
/	从根节点选取
//	从匹配选择的当前节点选择文档中的节点，不考虑它们的位置
.	选择当前节点

(续)

符号和方法	意义
..	选取当前节点的父节点
@	选取属性
*	匹配任何元素节点
@*	匹配任何属性节点
Node()	匹配任何类型的节点
text()	获取文本信息

根据表1-12中符号和方法进行组合列举出部分路径表达式及意义见表1-13。

表1-13 部分路径表达式及意义

表达式	意义
artical	选取所有artical元素的子节点
/artical	选取根元素artical
./artical	选取当前元素下的artical
../artical	选取父元素下的artical
artical/a	选取所有属于artical的子元素a元素
//div	选取所有div 子元素,无论div在任何地方
artical//div	选取所有属于artical的div 元素,无论div元素在artical的任何位置
//@class	选取所有名为class 的属性的
a/@href	选取a标签的href属性
a/text()	选取a标签下的文本
string(.)	解析出当前节点下的所有文字
string(..)	解析出父节点下的所有文字
/artical/div[1]	选取所有属于artical 子元素的第一个div元素
/artical/div[last()]	选取所有属于artical子元素的最后一个div元素
/artical/div[last()-1]	选取所有属于artical子元素的倒数第2个div元素
/artical/div[position()<3]	选取所有属于artical子元素的前2个div元素
//div[@class]	选取所有拥有属性为class的div节点
//div[@class="main"]	选取所有div下class属性为main的div节点
//div[price>3.5]	选取所有div下元素值price大于3.5的节点

XPath选择器除了使用表达式进行数据的获取外,还能够使用一些方法对获取的数据进行操作,例如,在上面的效果中可以看到打印出来的数据并不是单纯的字符串、字典等形式的数据,这时就可以使用相关方法进行操作得到需要的数据,XPath选择器中包含的部分操作方法见表1-14。

表1-14 XPath选择器中包含的部分操作方法

方法	描述
extract()	提取文本数据
extract_first()	提取的第一个元素

6．数据保存

单纯的获取数据是没有任何作用的，还需要将获取的数据保存起来，为后期数据的可视化和分析提供支持。Scrapy中数据的保存可以通过引入数据库的相关库实现，还可以通过项目的运行命令实现，只需在"Scrapy crawl"命令后面使用"-o"参数指定导出的文件名称即可将数据保存到指定的文件中，包括JSON、CSV、XML等文件格式，还可以使用"-t"参数指定数据的导出类型。但还需要注意一点，"Scrapy crawl"命令保存的数据来自于"items.py"文件中定义的各个字段，因此，需要在数据爬取成功后给定义的各个字段赋值，之后"Scrapy crawl"命令才会进行数据的保存。

使用Scrapy框架爬取慕课网站爬取效果如图1-21所示。

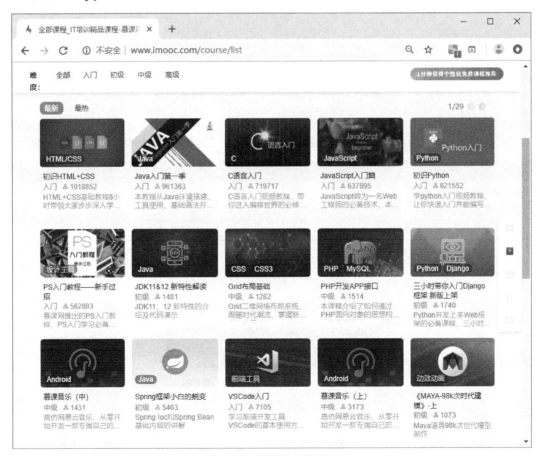

图1-21　拓展任务效果图

任务思路如下：

（1）打开页面

（2）分析页面

（3）明确获取内容，需要获取的信息分别是课程标题、课程简介、课程路径、标题图片地址

（4）创建名为"ScrapyProject"的爬虫项目

（5）自定义爬取字段

（6）爬虫文件创建

（7）爬取所有列表内容

（8）遍历列表获取内容

（9）进行下一个页面爬取

（10）运行程序保存信息，信息爬取完成后，将爬取到的信息保存到data.csv

任务总体评价

通过学习以上任务，看看自己是否掌握了以下技能，在技能检测表中标出已掌握的技能。

评价标准	个人评价	小组评价	教师评价
能够安装Scrapy依赖库			
能够成功安装Scrapy			
能够使用Scrapy爬取数据并保存数据			

备注：A为能做到　B为基本能做到　C为部分能做到　D为基本做不到

练习题

一、填空题

1. 网络爬虫是模拟客户端（浏览器）发送_____请求，获取响应，并按照自定义的规则_____数据的程序。

2. 通用网络爬虫又称_____，爬行对象由一批种子URL扩充至整个Web。

3. Web页面按存在方式分为_____和_____。

4．在爬虫过程中一般使用_____库向目标站点发送请求，即发送一个_____，该请求中包含_____和_____。

5．Scrapy是一个为了实现_____数据、_____数据而设计_____框架。

二、单项选择题

1．网络爬虫按照系统结构和实现技术，大致可以分为（　　）种。

  A．1   B．2   C．3   D．4

2．用户获取网络数据有（　　）种方式。

  A．1   B．2   C．3   D．4

3．用Scrapy框架进行爬虫非常简单，只需要（　　）个步骤即可实现一个Scrapy爬虫。

  A．1   B．2   C．3   D．4

4．以下用于创建爬虫文件的命令是（　　）。

  A．fetch   B．shell   C．view   D．bench

5．以下spider参数中用于爬取一般网站的是（　　）。

  A．CrawlSpider   B．XMLFeedSpider

  C．CSVFeedSpider   D．SitemapSpider

Project 2

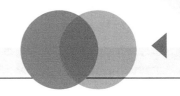

项目 ②
Windows操作系统数据采集

项目情境

经理：小张，公司最近要做一个Windows日志数据采集的项目，你做一下。
小张：经理，Windows的日志数据采集我掌握得不太好。
经理：嗯，我知道，也是借此机会锻炼你一下。
小张：好的。
经理：抓紧时间学习一下吧，了解一下操作系统相关的内容，操作系统这一部分的知识也挺重要的。
小张：好的，没问题。
经理：学习过程中，最好使用Logstash完成一个案例，让我看看效果。
小张：好的。
小张和经理谈完话后，学习操作系统和Windows的相关知识，并打算使用winlogbeat和Logstash采集系统日志，于是有了如下打算。
步骤一：学习操作系统的相关知识。
步骤二：学习Windows的相关操作。
步骤三：使用Logstash完成日志数据采集。

学习目标

【知识目标】
- 了解操作系统的结构
- 了解进程以及进程的管理

- 了解操作系统中的设备管理
- 了解文件管理系统
- 掌握Windows的历史和发展
- 了解Windows系统的种类以及应用
- 熟练掌握Windows脚本命令
- 熟练掌握Windows用户日志的拆分

【技能目标】

- 掌握Windows的脚本命令使用
- 掌握Windows日志的拆分操作
- 掌握Logstash的采集数据的操作

任务1　Windows数据收集器的使用

任务描述

本任务是使用Windows自带的数据收集器采集系统日志，通过本任务要求掌握操作系统的基础知识，了解Windows系统的脚本命令以及Windows窗口的基本操作。本任务的思路如下：

（1）选择性能检测器

（2）创建数据收集器

（3）使用数据收集器收集数据

扫码看视频

任务步骤

第一步：选择"此电脑"中的"管理"并打开，进入计算机管理界面，效果如图2-1所示。

第二步：打开"性能监视器"窗口，在左侧窗口展开"用户定义"选项，然后在新建的数据收集器集上单击鼠标右键，在弹出的快捷菜单中单击"新建"下的"数据收集器集"命令，如图2-2所示。

第三步：选择"数据收集器"后弹出的对话框如图2-3所示，填写数据收集器集的名称，创建方式可以选择"从模板创建（推荐）"和"手动创建（高级）"两种方式。

图2-1　计算机管理界面

图2-2　选择"数据收集器集"

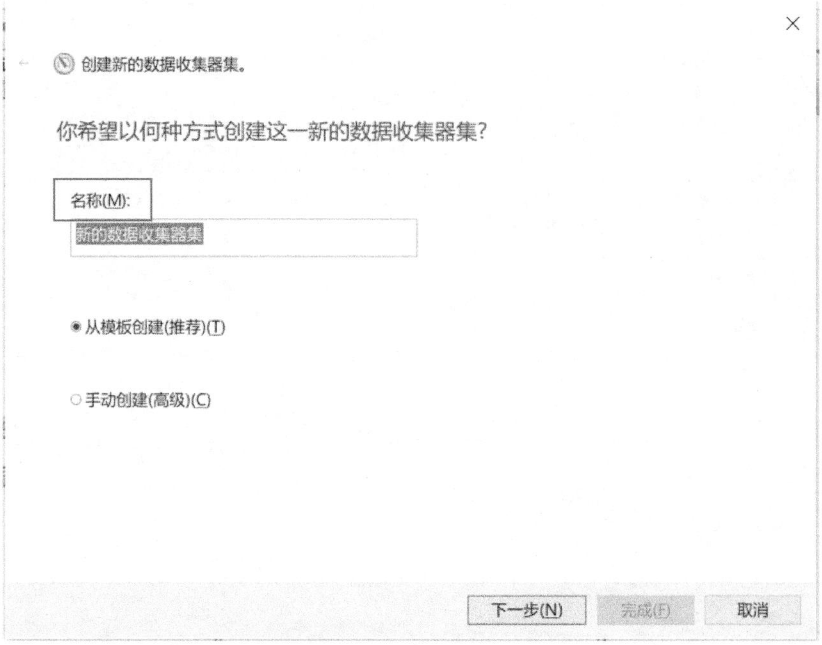

图2-3 创建新的数据收集器集

第四步:单击"下一步"按钮,效果如图2-4所示,选择模板。

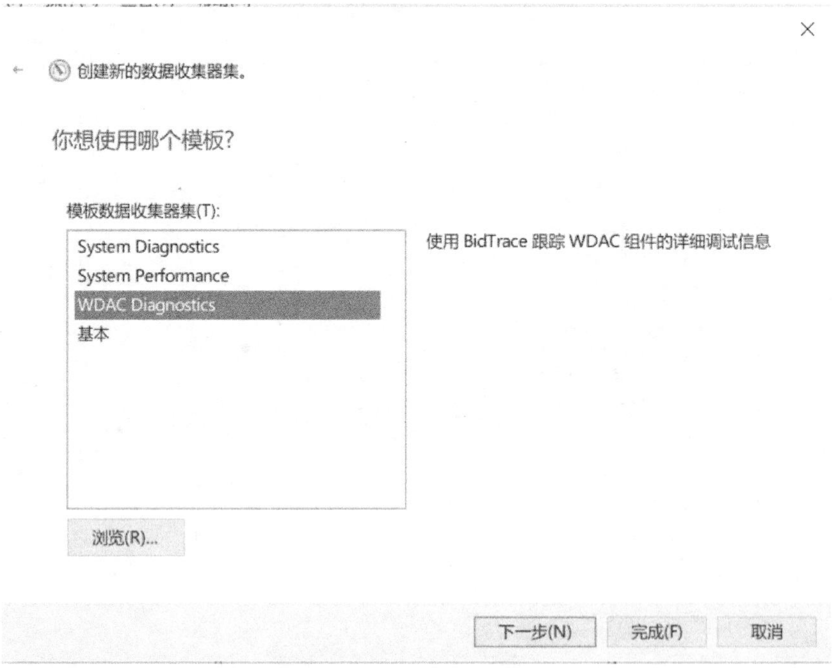

图2-4 选择模板

第五步:单击"下一步"按钮,选择数据保存的路径,此处选择桌面上的test文件夹,效果如图2-5所示。

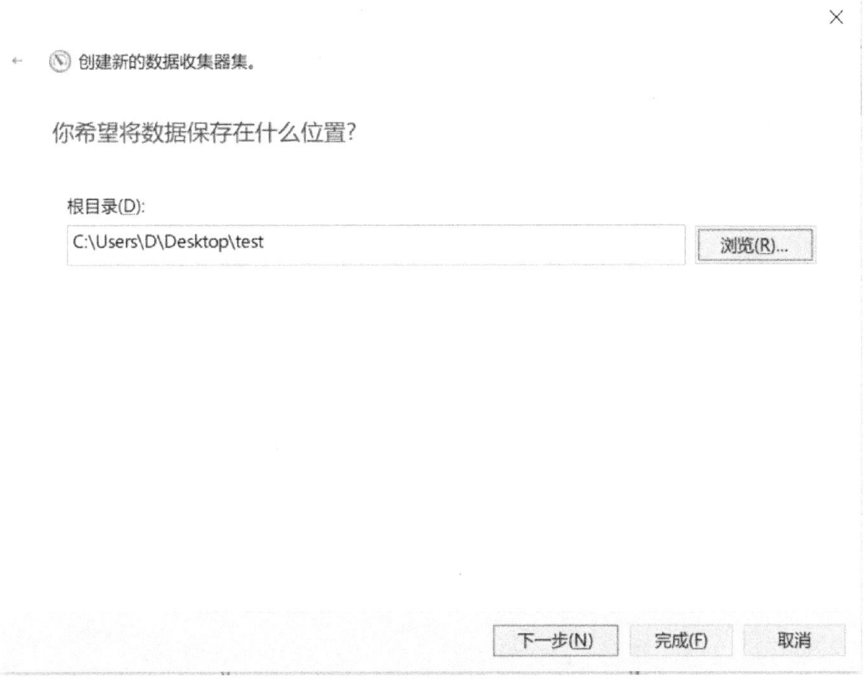

图2-5 选择保存路径

第六步：单击"下一步"按钮，效果如图2-6所示，选择"立即启动该数据收集器集"，"身份"可以选择要采集的用户，此处为默认。

图2-6 创建数据收集器集

第七步：单击"完成"按钮，界面关闭，此时数据收集器正在收集，效果如图2-7所示。

图2-7　收集效果

第八步：查看对应文件，此时test文件中多了一个ETL文件，如图2-8所示。

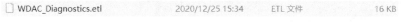

图2-8　ETL文件

第九步：右击"新的数据收集器集"，选择"保存模板"，效果如图2-9所示。

图2-9　保存模板

第十步：保存模板为XML格式，打开XML文件，内容如图2-10所示。

```xml
<?xml version="1.0" encoding="UTF-16"?>
<DataCollectorSet>
    <Status>1</Status>
    <Duration>0</Duration>
    <Description>使用 BidTrace 跟踪 WDAC 组件的详细调试信息</Description>
    <DescriptionUnresolved>@%systemroot%\system32\odbcint.dll,#10002</DescriptionUnresolved>
    <DisplayName>
    </DisplayName>
    <DisplayNameUnresolved>
    </DisplayNameUnresolved>
    <SchedulesEnabled>-1</SchedulesEnabled>
    <Keyword>WDAC</Keyword>
    <Keyword>Diagnostics</Keyword>
    <Keyword>BidTrace</Keyword>
    <LatestOutputLocation>C:\Users\D\Desktop\test\LAPTOP-HFLJU2CL_20201225-000001</LatestOutputLoca
    <Name>新的数据收集器集</Name>
    <OutputLocation>C:\Users\D\Desktop\test\LAPTOP-HFLJU2CL_20201225-000002</OutputLocation>
    <RootPath>C:\Users\D\Desktop\test</RootPath>
    <Segment>0</Segment>
    <SegmentMaxDuration>0</SegmentMaxDuration>
    <SegmentMaxSize>0</SegmentMaxSize>
    <SerialNumber>2</SerialNumber>
    <Server>
    </Server>
    <Subdirectory>
    </Subdirectory>
    <SubdirectoryFormat>3</SubdirectoryFormat>
    <SubdirectoryFormatPattern>yyyyMMdd\-NNNNNN</SubdirectoryFormatPattern>
    <Task>
    </Task>
```

图2-10　XML文件内容

此时关闭数据收集器集，就可以看到计算机现在正在操作的内容。

1．操作系统结构

操作系统（Operating System，OS）是指管理计算机硬件与软件的计算机程序。在计算机中，操作系统需要处理如管理与配置内存、决定系统资源供需的优先次序、控制输入设备与输出设备、操作网络与管理文件系统等基本事务。同时操作系统也提供一个让用户与系统交互的操作界面。而操作系统结构是指操作系统的系统结构。在操作系统发展的过程中，产生了各种各样的操作系统结构，而且几乎每一种结构都有自己的特点。

根据不同系统结构出现的时间的不同进行分类，操作系统结构可以分为整体式结构、模块化结构、层次结构以及微内核结构。

（1）整体式结构

在早期设计和开发操作系统时，设计者往往只是把注意力放在功能的实现和更高的效率上面，此时的操作系统是简单式结构或者无结构，因此整体式结构也被叫作简单式结构或者无结构。整个操作系统是由一个接一个的功能堆叠起来的，而这些功能又能够去相互调用，这样一来会导致操作系统的内部结构变得十分复杂和混乱，整体上也就没有结构可言。

由于实现功能设计思路的整体原因，整体式结构的优点和缺点是十分明显的。其中，最大的优点是接口的调用简单直接，系统效率极高；缺点是没有可读性，也没有可维护性，具体体现在：当某一个功能出现问题时，凡是与此功能有调用关系的功能都要修改，有时，修改系统错误的工作量甚至超过了重新开发新的操作系统的工作量。于是，整体式的结构现在已经淘汰了。

（2）模块化结构

作为整体式结构的升级，模块化结构是指将某一功能作为一个模块去实现，由若干个模块去组成操作系统，各个模块之间使用预先定义的接口去实现通信。

模块化是需要遵循一定的原则的。其中，主要原则是模块与其他模块之间的关联要尽可能地少，而模块内部的关联要尽可能地紧密，这样设计出来的模块才具有独立性。每个模块都能独立地实现功能，这样就大大减少了模块之间复杂的调用关系，使得操作系统的结构变得清晰，同时可维护性也大大提升。

在模块化结构的设计开发过程中，各个模块的设计开发是齐头并进的，没有一个可靠的设计开发顺序，程序人员在设计开发时缺少确定的基础，因此模块化结构的开发设计方法又被称为"无序模块法"。

（3）层次化结构

层次化结构的出现解决了上述无序化的问题，层次化结构就是将操作系统的所有功能模块按照系统的调用顺序去分成若干层，各层之间只有单向调用关系，即只允许上层调用下层或者外层调用内层。

在操作系统中，常常采用自底层向上法来铺设中间模块。自底层向上的原则是每一步决定都要建立在可靠的基础上。层次化结构的优点是把功能实现的无序性变成有序性，同时也把模块化的复杂依赖关系变成了单向依赖关系，即高层软件依赖到底层软件。

（4）微内核结构

在20世纪80年代后期，微内核（Micro Kernel）操作系统发展了起来，它是以客户端和服务器（C/S）结构为基础，采用面向对象技术的结构。它能支持多处理器运行，适用于分布式的系统环境。当下比较流行的操作系统，几乎全部采用这种微内核的结构。

微内核的基本功能包括进程管理、存储器管理、进程间通信、I/O设备管理。此时，操作系统由两大部分组成，即运行在核心态的内核层以及运行在用户态并以C/S方式运行的进程层。

2. 进程及进程管理

在早期的操作系统中，程序的执行是顺序执行。只能在内存中载入一个程序去执行，等到这个程序执行完成以后才能继续去执行别的程序。这种方式存在的问题是浪费资源，系统运行效率低。为了克服这些问题，要使多个程序并行，就需要在操作系统中引入进程的概念。

（1）进程的定义

在操作系统中，进程是指一个程序及其数据在处理器上执行时发生的所有活动，是系统资源分配和调度的一个独立单位。进程与程序是不相同的，一个程序在运行时会产生进程。

（2）进程的特征

进程拥有众多的特性，其中常见的特性如下：

1）动态性。

进程的动态性表现在它由程序创建而产生，通过程序的调度而去执行，最终通过程序的注销而停止。进程是具有生命周期的，而程序本身不具有活动，因此是静止的。

2）并发性。

进程的并发性是指多个进程实体同时存在于内存中，而且能同时运行。在操作系统中引入进程也是为了解决操作系统的并发性问题，可见并发性是进程最重要的特性。

3）独立性。

在进程中，独立性是指它能够独立去运行，能够独立获得系统的资源，也能够独立被系统去调度。

4）异步性。

在进程中，异步性是指它能够按异步的方式去执行，即能够独立去执行，互不干扰，速度也不可预知。

（3）进程的管理

进程的管理包括进程的创建和终止、进程的阻塞和唤起以及进程的挂起和激活等。

1）进程的创建和终止。

在系统中，每当出现一个创建新进程的请求时，操作系统就会调用创建进程的原语去创建新进程。新的进程会获得一个唯一的数字标识符，并且会为其分配系统资源，如内存、文件、输入输出设备以及CPU占用时间等。

进程的终止有两种，一种是正常结束，即进程任务完成，退出运行时就会结束进程。另一种是进程的非正常结束，即异常结束，是指进程在运行时发生了某种异常事件，使得进程无法继续执行，系统便会结束进程。

2）进程的阻塞和唤起。

进程的阻塞是一种主动的行为，当进程发生向系统请求资源失败、等待某种操作的完成、新数据尚未到达以及等待新任务到达等事件时，进程便会通过进程阻塞原语将自己阻塞。

当引起进程阻塞的事件结束或者达到预期时，阻塞的进程便会唤起。

3）进程的挂起和激活。

当操作系统中出现了引起进程挂起的事件（如程序进入后台）时，进程便会触发挂起原语，将需要挂起的进程或者处于阻塞状态的进程挂起。

当系统中发生激活进程的事件（如程序切换为前台）时，进程会变为原来的状态，若挂起前处于阻塞状态，激活以后还会变为阻塞状态。

3．资源分配与调度

系统资源（System Resource）是指计算机中的软件资源和硬件资源。以合理的方式组织调度计算机的工作和资源的分配叫作资源分配和调度。一般资源分配是指内存资源和设备资源。

（1）内存分配

内存分配的任务是给每条进程分配内存空间，进程在运行时占用的资源会增加，内存分配允许正在运行的程序申请附加内存空间，以适应程序和数据的动态增长。

（2）设备分配

设备分配的任务是根据进程对系统硬件资源的请求以及现有资源的占用情况，为进程分配其所需的设备。如果进程需要控制I/O资源时，设备分配还会分配控制器和通道给进程。

（3）死锁

在操作系统中，两个或者两个以上的进程请求相同资源而引起的无休止的相互等待的过程叫作死锁。允许进程动态地申请系统资源，如果请求的系统资源正在被占用，就会令进程等待。

4．设备管理

在操作系统中，设备是由控制执行操作的机械部分和电子部分组成，在通常情况下，机械部分和电子部分是分开的，机械部分一般是指设备，而电子部分一般是指设备控制器和适配器。

（1）设备

按设备的使用特性分类，可以将设备分为两类。第一类是存储设备，是用来存储信息的设备，第二类是I/O设备，它可以分为输入设备、输出设备以及交互式设备。常见的输入设备有鼠标、键盘、扫描仪、摄像头等；输出设备有打印机、绘图仪等；交互式设备有触摸屏等。

（2）设备控制器

在计算机系统中，设备控制器是用来控制一个或者多个设备来实现设备和系统之间的数据交换的。设备控制器是计算机和中央处理器（CPU）之间的接口，它会接收CPU的指令，然后去实现对设备的控制。

项目2
Windows操作系统数据采集

任务2 Windows日志数据采集

本任务是Windows系统日志数据的采集,通过本任务要求掌握操作系统的基础知识,了解Windows系统的脚本命令以及Windows系统的日志操作,本任务的思路如下:

(1)成功安装winlogbeat软件

(2)使用Windows脚本命令配置winlogbeat

(3)使用Logstash进行日志采集

扫码看视频

第一步:打开winlogbeat官网,如图2-11所示。单击"WINDOWS ZIP 64-BIT"进行下载。地址为https://www.elastic.co/cn/downloads/beats/winlogbeat。

图2-11　winlogbeat官网

第二步:解压下载的文件,效果如图2-12所示。

名称	修改日期	类型	大小
kibana	2020/6/15 2:26	文件夹	
module	2020/6/15 2:26	文件夹	
.build_hash.txt	2020/6/15 2:27	文本文档	1 KB
fields.yml	2020/6/15 2:26	YML 文件	186 KB
install-service-winlogbeat.ps1	2020/6/15 2:27	Windows Power...	1 KB
LICENSE.txt	2020/6/15 1:17	文本文档	14 KB
NOTICE.txt	2020/6/15 1:17	文本文档	420 KB
README.md	2020/6/15 2:27	Markdown File	1 KB
uninstall-service-winlogbeat.ps1	2020/6/15 2:27	Windows Power...	1 KB
winlogbeat.exe	2020/6/15 2:27	应用程序	58,051 KB
winlogbeat.reference.yml	2020/6/15 2:26	YML 文件	51 KB
winlogbeat.yml	2020/7/7 14:59	YML 文件	8 KB

图2-12 解压文件

第三步：以管理员身份运行PowerShell，并切换路径至winlogbeat解压文件夹目录下，运行如下代码安装服务。

```
.\install-service-winlogbeat.ps1
```

效果如图2-13所示。

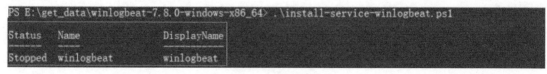

图2-13 安装服务

第四步：更改winlogbeat.yml文件配置需要采集的日志信息以及数据输出端（保留Application、Security、System项，注释其他配置项）。

```
winlogbeat.event_logs:
  - name: Application
  - name: Security
  - name: System
```

效果如图2-14所示。

配置数据输出端（注释Elasticsearch，启用 Logstash）。

```
output.Logstash:
  hosts: ["localhost:5044"]
```

效果如图2-15所示。

```
# accompanying options. The YAML data type of event_logs is a list of
# dictionaries.
#
# The supported keys are name (required), tags, fields, fields_under_root,
# forwarded, ignore_older, level, event_id, provider, and include_xml. Please
# visit the documentation for the complete details of each option.
# https://go.es.io/WinlogbeatConfig

winlogbeat.event_logs:
  - name: Application
    ignore_older: 72h

  - name: System

  - name: Security
#   processors:
#     - script:
#         lang: javascript
#         id: security
#         file: ${path.home}/module/security/config/winlogbeat-security.js

#  - name: Microsoft-Windows-Sysmon/Operational
#    processors:
#      - script:
#          lang: javascript
#          id: sysmon
```

图2-14 更改文件配置

```
# ================================== Outputs ==================================

# Configure what output to use when sending the data collected by the beat.

# ---------------------------- Elasticsearch Output ----------------------------
#output.elasticsearch:
  # Array of hosts to connect to.         添加注释
  #hosts: ["localhost:9200"]

  # Protocol - either `http` (default) or `https`.
  #protocol: "https"

  # Authentication credentials - either API key or username/password.
  #api_key: "id:api_key"
  #username: "elastic"
  #password: "changeme"

# ------------------------------ Logstash Output ------------------------------
output.logstash:
  # The Logstash hosts                    取消注释
  hosts: ["localhost:5044"]

  # Optional SSL. By default is off.
  # List of root certificates for HTTPS server verifications
  #ssl.certificate_authorities: ["/etc/pki/root/ca.pem"]
```

图2-15 配置数据输出

第五步：启动winlogbeat。

继续在安装完winlogbeat服务的PowerShell中输入启动命令。

```
Start-Service winlogbeat
```

第六步：下载Windows版本的Logstash并解压至本地文件夹，效果如图2-16所示。

名称	修改日期	类型	大小
bin	2020/7/7 13:42	文件夹	
config	2020/7/9 14:26	文件夹	
data	2020/7/3 17:16	文件夹	
lib	2020/7/3 16:58	文件夹	
logs	2020/7/11 16:16	文件夹	
logstash-core	2020/7/3 16:58	文件夹	
logstash-core-plugin-api	2020/7/3 16:58	文件夹	
modules	2020/7/3 16:58	文件夹	
tools	2020/7/3 16:58	文件夹	
vendor	2020/7/3 17:00	文件夹	
x-pack	2020/7/3 17:00	文件夹	
CONTRIBUTORS	2020/3/26 8:56	文件	3 KB
Gemfile	2020/7/7 14:35	文件	5 KB
Gemfile.lock	2020/7/7 14:37	LOCK 文件	23 KB
LICENSE.txt	2020/3/26 8:56	文本文档	14 KB
NOTICE.TXT	2020/3/26 8:56	文本文档	470 KB
rubydebug}}'	2020/7/6 10:17	文件	0 KB

图2-16 解压Logstash到本地

第七步：配置Logstash。打开"\Logstash-7.6.2\config"创建Logstash-test.conf文件，内容如下：

```
input {
beats{
 port=>5044
}
}
output {
stdout{
}
}
```

此处的输入端端口需要和winlogbeat中配置的输出端端口一致。

第八步：在Logstash的bin目录下新建lib目录，放入mysql-connector-java-5.1.48.jar包。

第九步：配置输出方式为写入数据库，代码如下。

```
output {
    stdout{
        codec => rubydebug
    }
        # to do
    jdbc {
            driver_jar_path => "./lib/mysql-connector-java-5.1.48.jar"
        driver_class => "com.mysql.jdbc.Driver"
    connection_string => "jdbc:mysql://localhost:3306/test?user=root&password=123456"
        statement => [ "INSERT INTO sys_log (version,hostname,task,timestamp) VALUES(?,?,?,?)",
"@version","[host][hostname]", "[winlog][task]","@timestamp"]
    }
}
```

在操作数据库之前需要安装Logstash-output-jdbc。如果未安装Logstash-output-jdbc，则需通过命令行在Logstash文件夹的bin目录下运行如下安装代码：

```
Logstash-plugin install Logstash-output-jdbc
```

效果如图2-17所示。

图2-17　安装Logstash-output-jdbc

第十步：在"\logstash-7.6.2\bin"目录下运行"logstash -f ..\config\logstash-test.conf"命令，效果如图2-18所示。

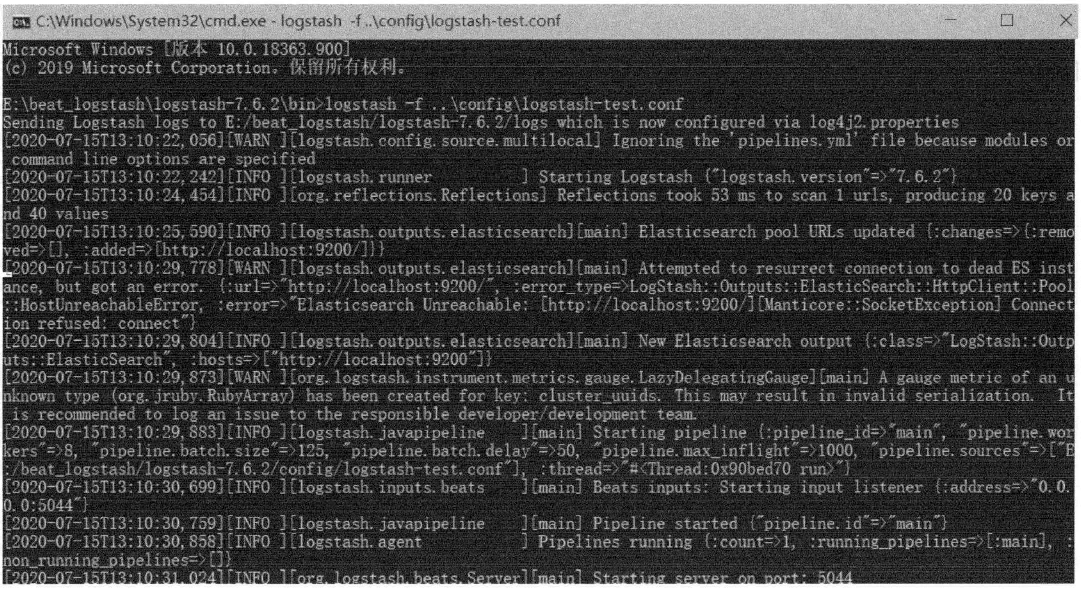

图2-18　运行效果

第十一步：打开数据库，查看日志结果，如图2-19所示。

version	hostname	task	timestamp
1	Yuan	Logon	2020-07-07 08:35:17
1	Yuan		2020-07-07 08:35:20
1	Yuan		2020-07-07 08:35:20
1	Yuan	Logon	2020-07-07 08:35:20
1	Yuan		2020-07-07 08:35:20
1	Yuan	Group M	2020-07-07 08:35:17
1	Yuan	Special L	2020-07-07 08:35:17
1	Yuan	Special L	2020-07-07 08:35:20
1	Yuan		2020-07-07 08:35:20
1	Yuan	Group M	2020-07-07 08:35:20

图2-19　数据库中的日志结果

1．文件管理系统

在计算机中，内存中存储的信息会在断电后丢失，而且内存的容量十分有限。因此计算机中会配备外存，而用户在使用计算机时，会产生大量的文件和数据，这些数据和文件在使用时会调入内存。如果让用户直接管理外存的文件，这个难度是非常大的。它不仅要求用户非常熟悉外存的特性以及各个文件存放的位置，还要保证数据的安全性和一致性。显然普通用户是无法做到这些的，所以在操作系统中又加入了文件管理系统。

（1）文件

文件是指由用户或者创建者定义的拥有名称的元素的集合，文件的属性包括文件的类型、文件的长度（大小）、文件的物理地址（文件存放的位置）以及文件的建立时间（最后一次修改的时间）等。按照文件的用途分类，文件可分为系统文件、用户文件和库文件，其中系统文件是指系统软件构成的文件，它是允许用户读取或者更改的。用户文件是指用户使用过程中产生的文件，包括源代码、目标文件以及可执行文件。库文件是指由例程构成的文件，用户可以调用，但是不能更改。

（2）文件目录

在现代操作系统中，最通用的文件目录结构就是树形结构，如图2-20所示，主目录就是根目录，在每个目录里都只能有一个根目录。在目录中将其他目录称为节点，文件则被称为树叶。在图2-20中，根目录下有三个子目录A、B、C，其中在A所指的总目录中，有一个总目录和两个树叶（文件）。

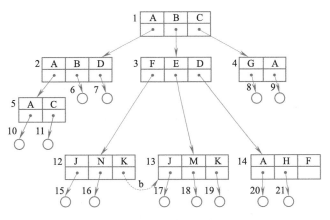

图2-20　文件目录的属性结构

（3）文件的共享和保护

文件共享是指系统允许多个用户或者进程去共享同一个文件。随着技术的发展，文件共享的范围也在扩大，从最开始的系统内共享，到多台计算机的共享，再到后来网络中的共享。从文件共享范围的扩大可以看出，文件共享被越来越多的人使用。

文件的保护可以分为文件读写的保护和文件访问权限的保护，其中文件读写的保护可以保证不会被更改，能保证文件的一致性。而文件访问权限的保护是指访问权（Access Right），文件管理系统会运行拥有访问权的用户或者进程去访问文件。而没有权限的则不被允许，访问权一般用来保护隐私和系统安全。

2. Windows Shell脚本

（1）Windows Shell简介

Shell命令是一个用C语言编写的程序，它既是一种命令语言又是一种程序设计语言，用户可以通过Shell访问操作系统内核的服务。在Windows系统下也有Shell命令，Windows下的Shell命令又是Windows的cmd命令，而cmd命令是初代的Windows操作系统保留的MS-DOS的命令。在Windows操作系统中使用<Win+R>调用运行窗口来执行，运行窗口如图2-21所示。

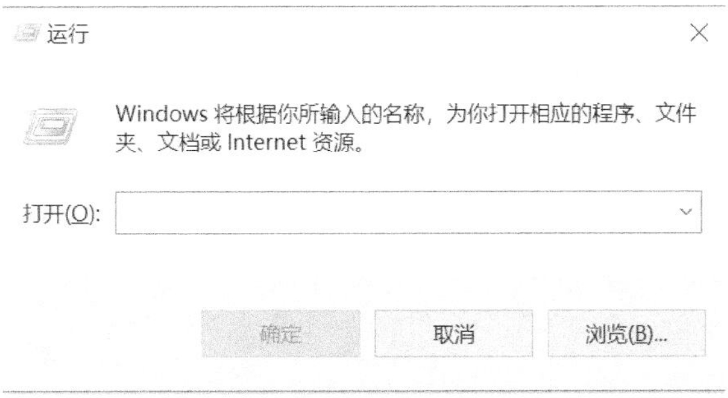

图2-21　运行窗口

使用cmd命令会打开控制台,如图2-22所示。

图2-22　打开cmd命令窗口

(2) Windows 常用命令介绍

在Windows中,Shell命令是基于配置好的Path环境变量运行的,当在命令窗口中写下命令后,则会在Path路径中搜寻对应的可执行入口,继而去打开可执行文件。

1) 常用的工具命令。

常用工具命令见表2-1。

表2-1　常用工具命令

运行程序	运行命令	运行程序	运行命令
记事本	notepad	任务管理器	taskmgr
计算器	caic	关闭Windows	shutdown
画图	mspaint	扫描仪与相机	sticpi.cpl
写字板	write	远程桌面	mstsc
Windows放大镜	magnify	可移动存储	ntmsmgr.msc
辅助工具管理器	utilman	注册表编辑器	regedit

2) 常用配置管理工具命令。

常用配置管理工具命令见表2-2。

表2-2 常用配置管理工具

描述	命令
设备管理器	devmgmt.msc
Direct X诊断工作	dxdiag
磁盘分区管理区	diskpart
显示属性	desk.cpl或control desktop
文件夹选项	control folders
显示属性的外观选项卡	control color
文件签名验证	sigverif
IP配置实用程序	ipconfig
键盘属性	control keyboard
Internet属性	inetcpl.cpl
密码属性	password.cpl
性能	perfmon

3）常用网络配置命令。

常用网络配置命令见表2-3。

表2-3 常用网络配置命令

描述	命令
显示连接配置	ipconfig /all
显示DNS缓存内容	ipconfig /displaydns
去除DNS缓存内容	ipconfig /flushdns
释放全部（或指定）适配器的由DHCP分配的动态IP地址	ipconfig /release
全部适配器重新分配IP地址	ipconfig /renew
刷新DHCP并重新注册DNS	ipconfig /registerdns
显示DHCP Class ID	ipconfig /showclassid
修改DHCP Class ID	ipconfig /setclassid

3. Windows用户的日志数据拆分

Windows操作系统在其运行的生命周期中会记录其大量的日志信息，这些日志信息包括Windows事件日志（Event Log）、Windows服务器系统的IIS日志、FTP日志、Exchange Server邮件服务、MS SQL Server数据库日志等。这些日志信息在取证和溯源中扮演着重要的角色。

Windows系统中自带了一个叫作事件查看器的工具，它可以用来查看分析所有的Windows系统日志。

打开事件查看器，操作步骤如下。

第一步：按<Win+R>键打开"运行"窗口，输入"eventvwr"，如图2-23所示。

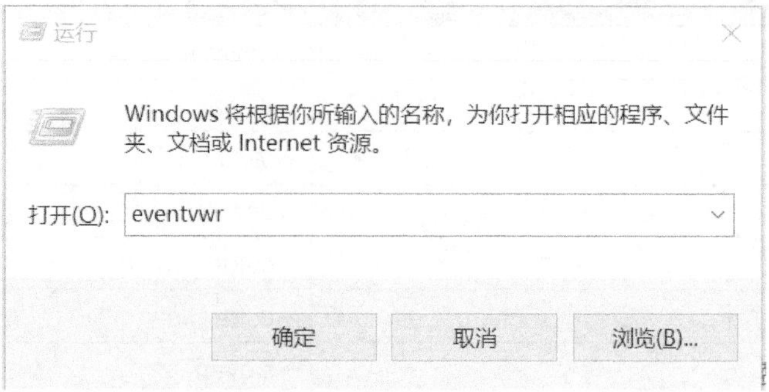

图2-23　打开"运行"窗口

第二步：按<Enter>键，打开事件查看器界面，如图2-24所示。

图2-24　事件查看器

使用该工具可以看到系统日志被分为了两大类：Windows日志，以及应用程序和服务日志。早期版本中，Windows日志只有应用程序、安全、系统和Setup，新的版本中增加了设置及转发事件日志（默认禁用）。

Windows事件日志中共有五种事件类型，所有的事件必须拥有五种事件类型中的一种，并且只可以有一种。五种事件类型具体如下。

1）信息事件。

信息事件指应用程序、驱动程序或服务的成功操作的事件。

2）警告事件。

警告事件指不是直接的、主要的，但是会导致将来问题发生的问题。例如，当磁盘空间不足或未找到打印机时，都会记录一个"警告"事件。

3）错误事件。

错误事件是用户应该知道的重要问题，通常指功能和数据的丢失。例如，如果一个服务不能作为系统引导被加载，那么它会产生一个错误事件。

4）成功审核事件。

成功审核事件指成功的审核安全访问尝试，主要是指安全性日志，这里记录着用户登录/注销、对象访问、特权使用、账户管理、策略更改、详细跟踪、目录服务访问、账户登录等事件。例如，所有的成功登录系统都会被记录为"成功审核"事件。

5）失败审核事件。

失败审核事件指失败的审核安全登录尝试。例如，用户试图访问网络驱动器失败，则该尝试会被作为失败审核事件记录下来。

在事件管理器中可以对日志数据进行拆分，具体操作如下。

第一步：打开事件查看器，单击"Windows日志"，选择"应用程序"，出现结果如图2-25所示。

图2-25 选择日志

第二步：单击"筛选当前日志"，可以根据记录时间、事件级别、任务类别、关键字和用户等内容进行筛选，如图2-26所示。

图2-26 筛选当前日志

拓展任务

使用winlogbeat以及Logstash采集Windows登录数据。任务思路如下：

（1）日志数据的拆分

（2）使用Windows的命令进行winlogbeat配置

（3）使用Logstash采集日志

任务总体评价

通过学习以上任务，看看自己是否掌握了以下技能，在技能检测表中标出已掌握的技能。

评价标准	个人评价	小组评价	教师评价
能够使用Windows数据收集器收集数据			
能够成功安装winlogbeat			
能够使用Windows脚本进行winlogbeat配置			
能够使用Logstash进行数据采集			

备注：A为能做到　B为基本能做到　C为部分能做到　D为基本做不到

练习题

一、填空题

1．在操作系统中，操作系统的结构可以分为＿＿＿＿＿＿＿＿、＿＿＿＿＿＿＿＿、＿＿＿＿＿＿＿＿以及＿＿＿＿＿＿＿＿。

2．进程是指一个＿＿＿＿＿＿＿＿以及＿＿＿＿＿＿＿＿上执行时发生的所有活动，是系统资源分配和调度的一个＿＿＿＿＿＿＿＿。进程与程序是不相同的，一个程序在运行时会产生进程。

3．在操作系统中，两个或者两个以上的进程请求相同资源而引起的无休止的相互等待的过程叫作＿＿＿＿＿＿＿＿。允许进程动态地申请系统资源，如果请求的系统资源正在被占用，就会令进程等待。

4．在Windows操作系统中使用＿＿＿＿＿＿＿＿快捷键调用运行窗口来执行命令。

5．Windows系统中自带了一个叫作事件查看器的工具，它可以用来查看分析所有的Windows系统日志，使用命令＿＿＿＿＿＿＿＿可以打开它。

二、单项选择题

1．用鼠标拖动的方式进行复制操作时，选定文本后，（　　）拖动鼠标到目标位置。

  A．按<Ctrl>键同时　　　　　　　　B．按<Shift>键同时

  C．按<Alt>键同时　　　　　　　　D．不按任何键

2．互联网上专门提供网上搜索的工具叫（　　）。

  A．查找　　　　B．查询　　　　C．搜索引擎　　　　D．查看

3．在互联网中，域名的正确形式是（　　）。

  A．www\pku\edu\cn

  B．ftp@uestc@com

  C．http://www.wendangku.net/doc/44cc1b11376baf1ffc4fad2f.html

  D．mic/edu/com/cn

4．在Windows中文版环境下，中文输入法的启动与关闭可按（　　）键。

  A．<Ctrl+Shift>　　　　　　　　B．<Ctrl+Alt>

C．<Ctrl+Space>   D．<Alt+Space>

5．Windows中能更改文件名的操作是（　　）

A．单击文件名，然后选择"重命名"，输入新文件名后，回车

B．用鼠标右键单击文件名，然后在快捷菜单中选择"重命名"，输入新文件名，回车

C．双击文件名，然后选择"重命名"，输入新文件名，回车

D．用鼠标右键双击文件名，然后选择"重命名"，输入新文件名，回车

6．在Windows中，对文件夹进行复制时，（　　）

A．只复制文件夹名，不复制其内容

B．只复制文件夹名和其下的文件，不复制其下的文件夹

C．复制文件夹名和其下所有的文件和子文件夹

D．复制文件夹名和其下所有的文件和子文件夹，但不复制子文件夹下的文件

Project 3

项目 ③
Linux基本操作

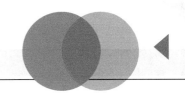

项目情境

经理：小张，你熟悉Linux操作系统吗？

小张：经理，我不太熟悉，我看到很多同事们开发项目都用Linux。

经理：哦，你不熟悉肯定是不行的，我们公司很多项目都需要在Linux环境下部署上线。抓紧时间学习一下吧，后面还有几项数据采集任务需要用到Linux操作系统。

小张：好的，没问题。

经理：学习过程中，最好使用案例来检验自己是否熟练掌握了Linux的常见命令。

小张：好的，我会用很短的时间掌握这部分内容。

经理：三天以后做个Linux常见命令的案例给我看看。

小张和经理谈完话后，了解了Linux操作系统、Linux常见的版本以及Linux的指令操作，整体思路如下。

步骤一：了解Linux操作系统。

步骤二：学习和使用Linux操作系统的常见指令。

步骤三：使用Linux命令实现案例。

学习目标

【知识目标】

- 了解什么是Linux系统
- 了解Linux系统的发展过程
- 了解Linux系统的应用

- 掌握Linux的常见发行版本
- 掌握Linux用户操作命令
- 掌握Linux的目录操作命令
- 掌握Linux的文件操作命令
- 掌握Linux中Shell脚本的编写

【技能目标】

- 能够了解Linux在各个领域的发展情况
- 能够使用Linux进行用户的相关操作
- 能够对目录进行操作
- 能够进行文件的系列操作

任务1　Linux环境安装

本任务是安装Linux操作系统，需要使用VMwareWorkStation安装Linux操作系统镜像，并能够登录Linux操作系统。本任务的思路如下。

（1）安装VMwareWorkStation软件

（2）使用VMwareWorkStation安装Linux镜像

（3）运行Linux操作系统

扫码看视频

第一步：在新建虚拟机之前，需要先下载VMwareWorkStation工具，用以在Windows系统中同时运行Linux系统，然后打开VMwareWorkStation，单击"新建虚拟机"，弹出"新建虚拟机向导"对话框，如图3-1所示，选择"典型"，单击"下一步"按钮。

第二步：选择虚拟机安装来源。选择"稍后安装操作系统"，单击"下一步"按钮，如图3-2所示。

第三步：选择操作系统。选择"Linux（L）"，选择版本号"CentOS 7 64位"，单击"下一步"按钮，如图3-3所示。

第四步：为虚拟机命名，选择存放的位置（内存要比较大），单击"下一步"按钮，如图3-4所示。

图3-1　新建虚拟机向导　　　　　　　图3-2　选择虚拟机安装来源

图3-3　选择操作系统　　　　　　　图3-4　虚拟机名称与位置

第五步：指定磁盘容量。选择磁盘大小为"20GB"，选择"将虚拟磁盘拆分成多个文件"，单击"下一步"按钮，如图3-5所示。

第六步：单击"完成"按钮创建虚拟机，然后可以安装CentOS 7 64位，如图3-6所示。

第七步：虚拟机安装完成，如图3-7所示。

图3-5 指定磁盘容量

图3-6 创建完成

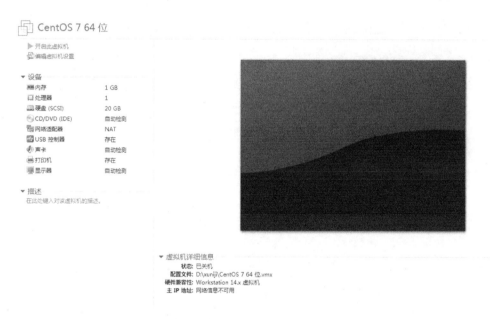

图3-7 虚拟机安装完成

第八步：配置内存。双击"设备"中的"内存"，选择适当的内存大小（1GB以上），单击"确定"按钮，如图3-8所示。

第九步：配置网络适配器。双击"网络适配器"，选择"桥接模式"，单击"确定"按钮，如图3-9所示。

第十步：配置CD/DVD。双击"CD/DVD"，选择"启动时连接"，选择"使用ISO映像文件"，单击"确定"按钮，如图3-10所示。

第十一步：单击"开启此虚拟机"按钮，如图3-11所示。

图3-8　配置内存

图3-9　配置网络适配器

图3-10 配置CD/DVD

图3-11 开启此虚拟机

第十二步：之后不做任何操作，等待即可，直到出现选择语言，左侧选择语种，右侧选择语言类型，由于汉译版有时会存在翻译不准确的情况，所以在安装时左侧选择"English"，右侧选择"English(United States)"，单击"Continue"按钮，如图3-12所示。

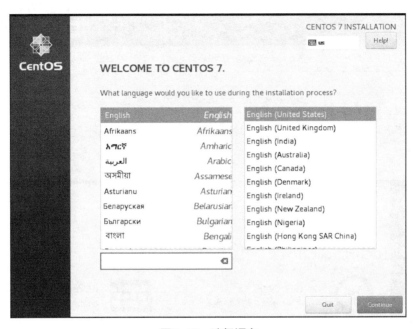

图3-12 选择语言

第十三步：在"INSTALLATION SUMMARY"页面，单击"DATE & TIME"配置时区，如图3-13所示。

图3-13 配置时区

第十四步：在"DATE & TIME"页面选择地区为"Asia"，城市为"Shanghai"，单击"Done"按钮，如图3-14所示。

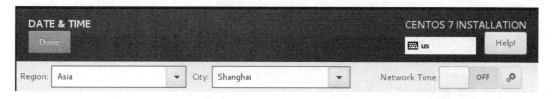

图3-14　DATE & TIME页面

第十五步：在"INSTALLATION SUMMARY"页面，单击"SOFTWARE SELECTION"，如图3-15所示。

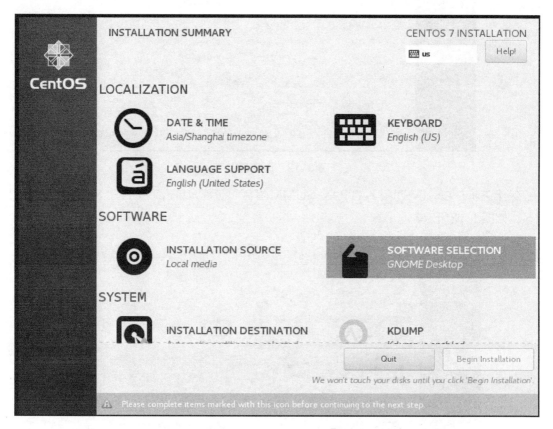

图3-15　INSTALLATION SUMMARY页面

第十六步：选择基础环境。左侧"Base Environment"选择"GNOME Desktop"，右侧"Add-Ons for Selected Environment"选择"Smart Card Support"和"Compatibility Libraries"，单击"Done"按钮返回，如图3-16所示。

第十七步：查看红色警告。如果"INSTALLATION SUMMARY"页面仍有红色警告，打开之后单击"Done"按钮返回，无需改动其他内容，如图3-17所示。

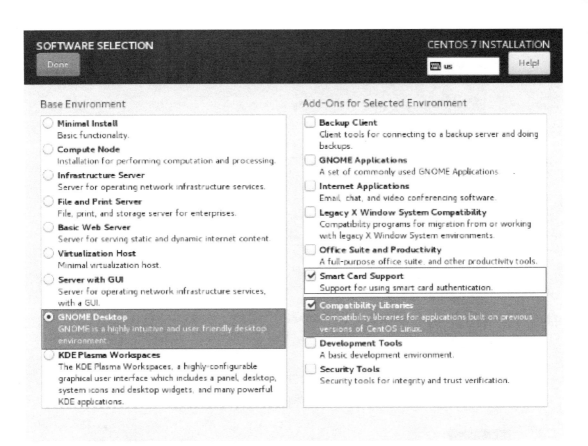

图3-16　选择基础环境

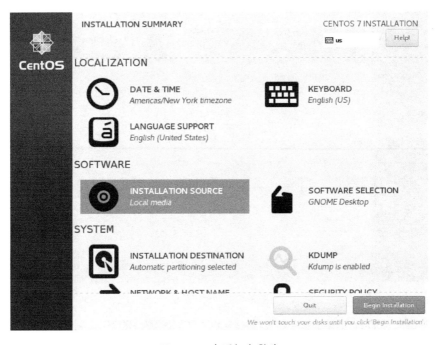

图3-17　查看红色警告

第十八步：单击"Begin Installation"按钮开始安装，如图3-18所示。

图3-18　开始安装

第十九步：不做任何操作，等待即可，直到安装完成，出现如图3-19所示的页面。

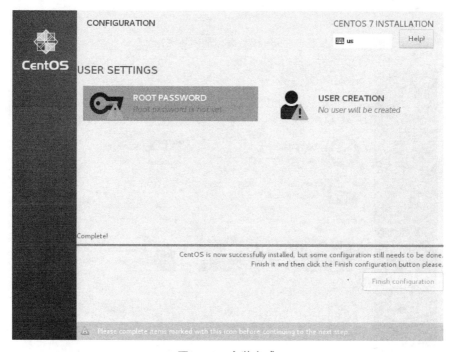

图3-19　安装完成

第二十步：设置root密码。单击"ROOT PASSWORD"，出现如图3-20所示的"ROOT PASSWORD"页面。设置root密码，然后单击"Done"按钮返回。

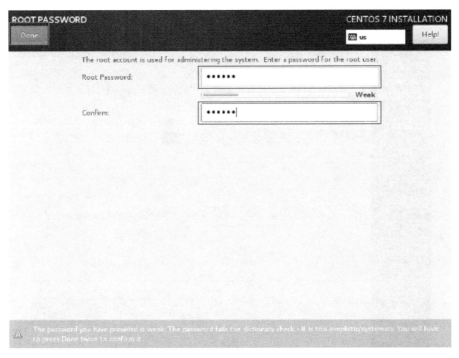

图3-20 设置root密码

第二十一步：设置普通用户和密码。在"USER SETTING"页面中，单击"USER CREATION"，出现如图3-21所示的"CREATE USER"页面，在此设置普通用户和密码，单击"Done"按钮返回。

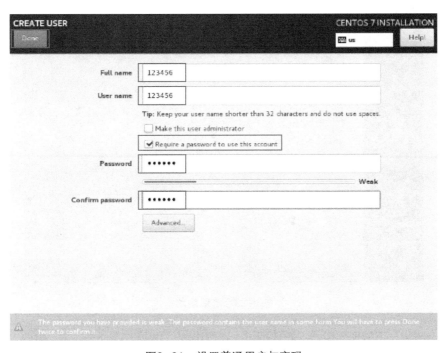

图3-21 设置普通用户与密码

第二十二步：单击"Finish configuration"按钮完成配置，如图3-22所示。

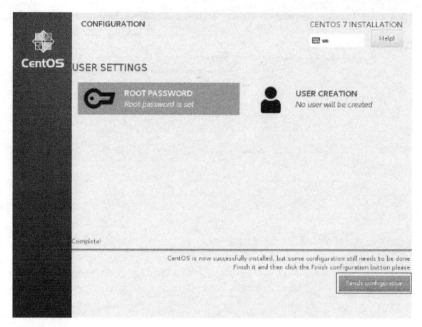

图3-22 完成配置

第二十三步：单击"Reboot"按钮以重新启动，如图3-23所示。

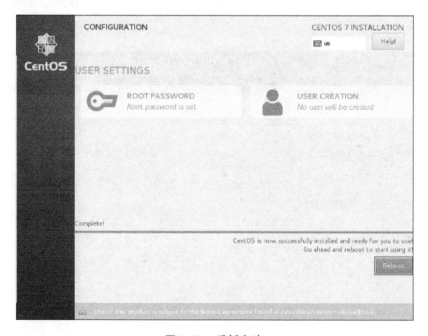

图3-23 重新启动

第二十四步：不做任何操作，等待即可，直到出现"INITIAL SETUP"页面，单击有警告的模块，如图3-24所示。

项目3
Linux基本操作

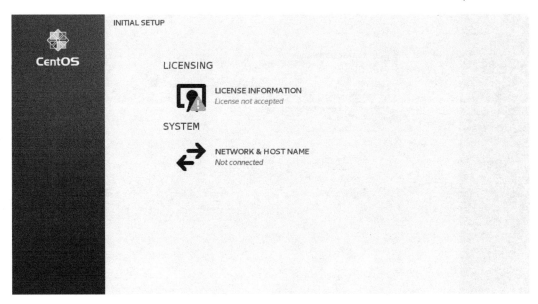

图3-24 INITIAL SETUP页面

第二十五步：同意许可协议，单击"Done"按钮，如图3-25所示。

图3-25 同意许可协议

第二十六步：设置网络与主机名。在"INITIAL SETUP"页面中单击"NETWORK & HOST NAME"，如图3-26所示。

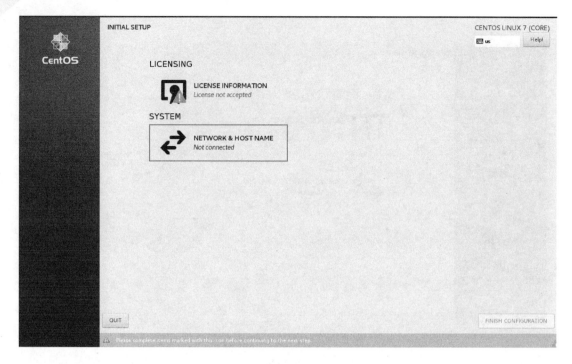

图3-26 设置网络与主机名

第二十七步：单击"OFF"打开网络，设置主机名，单击"Done"按钮，如图3-27所示。

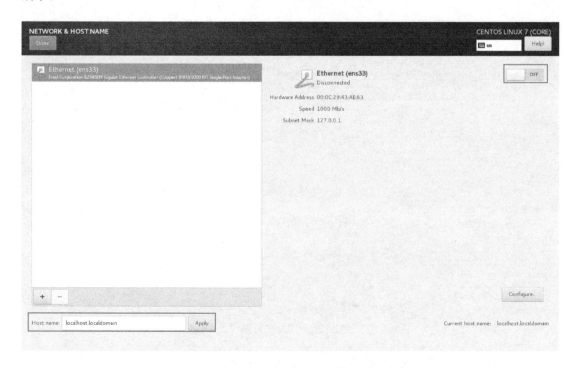

图3-27 "NETWORK & HOST NAME"页面

第二十八步：单击右下角"FINISH CONFIGURATION"，退出当前页面，如图3-28所示。

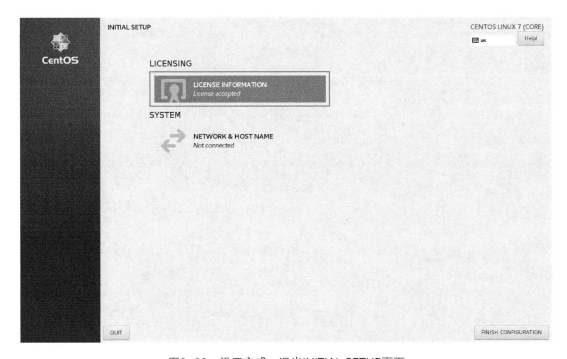

图3-28 设置完成，退出INITIAL SETUP页面

第二十九步：在登录页面中，普通用户单击头像登录，其他用户单击"Not Listed"登录。以其他用户为例，如图3-29所示。

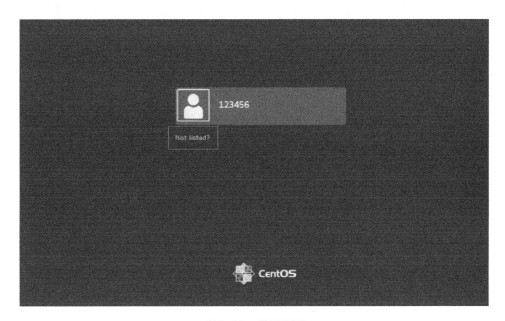

图3-29 登录页面

第三十步：输入用户名，单击"Next"按钮，如图3-30所示。

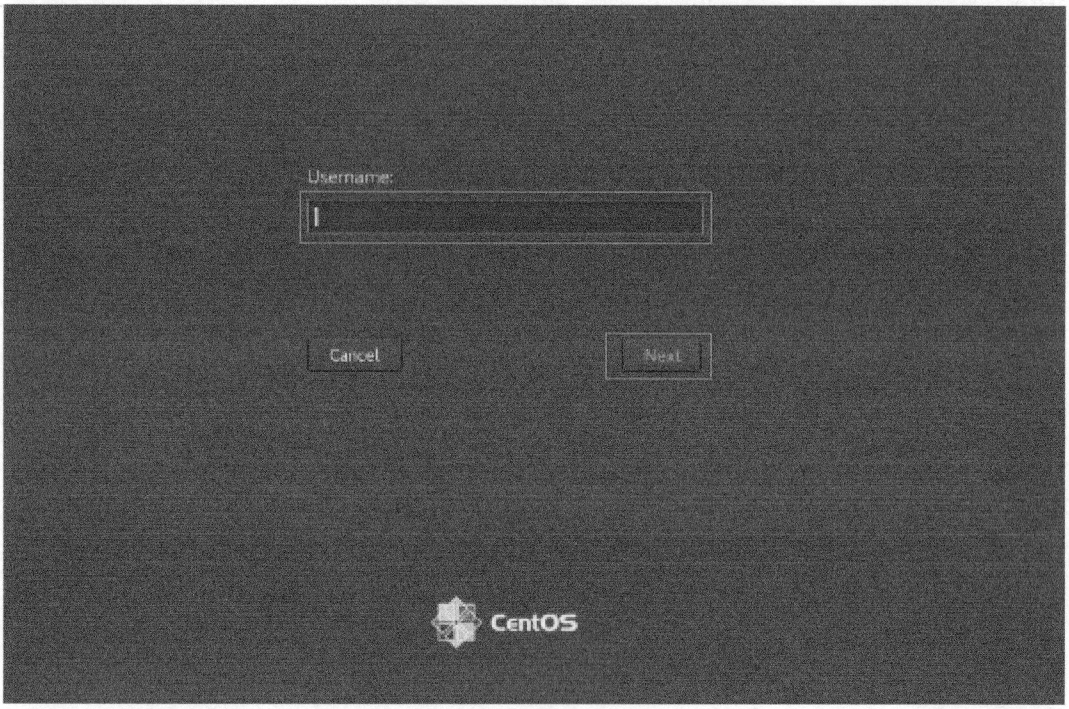

图3-30　输入用户名

第三十一步：输入用户对应的密码，然后单击"Sign In"按钮，如图3-31所示。

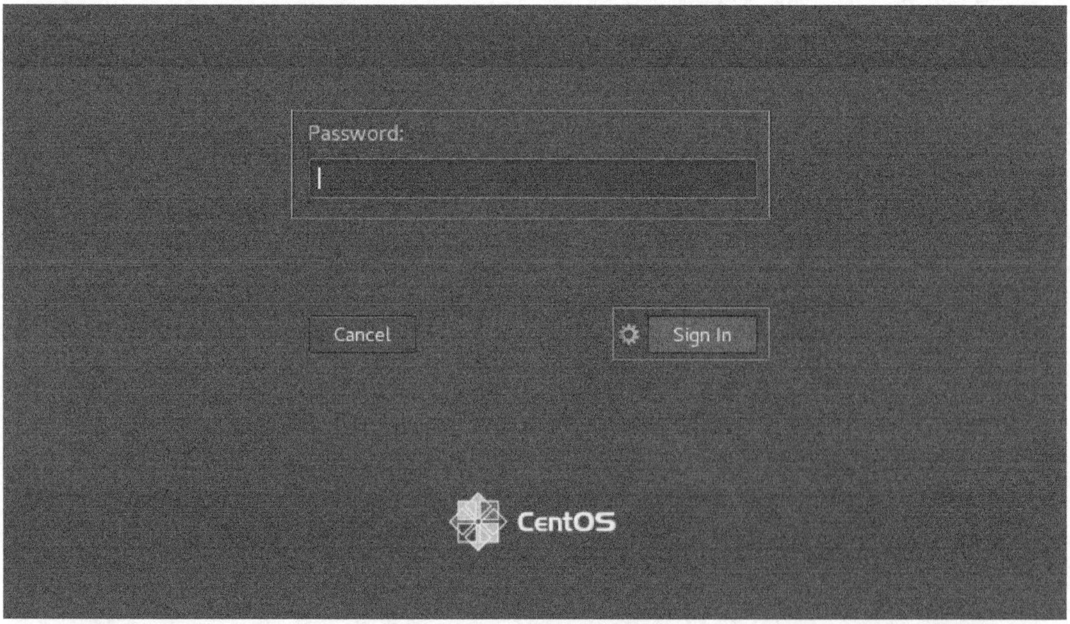

图3-31　输入密码

第三十二步：出现如图3-32所示的界面，登录成功。

图3-32　登录成功

1．概述

Linux是一款多用户、多任务、支持多线程与多CPU的操作系统，它是UNIX操作系统的"克隆版"。1991年，林纳斯·托瓦兹正式对外宣布Linux内核诞生。在1994年发表Linux正式核心1.0的时候，大家要托瓦兹想一只吉祥物，他想起曾经在澳大利亚的一个动物园里被企鹅咬过，就以企鹅来当吉祥物。而更容易被接受的说法是：企鹅代表南极，而南极又是全世界共有的一块陆地，不属于任何国家，也就是说Linux不属于任何商业公司，是全人类都可以分享的一项技术成果。Linux标识如图3-33所示。

图3-33　Linux标识

2．Linux发展史

Linux操作系统的诞生、发展和成长过程依赖五个重要支柱：UNIX操作系统、MINIX操作系统、GNU计划、POSIX标准和互联网。其具体发展史见表3-1。

表3-1　Linux发展史

年份	事件
2003年12月	Linux 2.6.1发布，开始具有可抢占性，支持调度器，从进入2.6之后，每个大版本跨度开发时间大概是2～3个月
2005年6月	Linux 2.6.12发布，是社区开始使用git进行管理后的第一个大版本
2006年3月	Linux 2.6.16发布，支持SCHED_BATCH调度器
2007年4月	预期进入2.6.22，RSDL调度器夭折
2007年10月	Linux 2.6.23发布，支持完全公平的调度器（CFS）
2011年5月	Linux 2.6.39发布，跨越了39个大版本
2011年7月	Linux 3.0（原计划的2.6.40）发布
2014年3月	Linux 3.14发布，完成SCHED_DEADLINE调度策略，支持一种实时任务
2015年2月	Linux 3.19发布
2015年4月	Linux 4.0发布，具有内核热补丁的特性，也就是无需重启系统就能给内核打上补丁
2015年8月底	Linux 4.2发布

3．Linux在各领域的发展

过去的几年中，Linux系统在服务器领域、桌面领域、移动嵌入式领域、云计算/大数据领域的发展越来越好。

（1）Linux在服务器领域的发展

随着开源软件在世界范围内的影响力日益增强，Linux在服务器领域已经占据75%的市场份额，引起全球IT产业的高度关注，形成了大规模市场应用的局面，以强劲的势头成为服务器操作系统领域中的中坚力量，尤其是在金融、农业、交通、通信等领域。

（2）Linux在桌面领域的发展

近年来，Linux桌面操作系统的发展趋势非常迅猛。许多软件厂商都推出了Linux桌面操作系统，特别是Ubuntu Linux，已经积累了大量社区用户。但是，从系统易用性、系统管理、软硬件兼容性、软件的丰富程度等方面来看，Linux桌面系统与Windows系列相比还有一定的差距。

（3）Linux在移动嵌入式领域的发展

Linux的低成本、强大的定制功能以及良好的移植性能，使得Linux在嵌入式系统方面也得到广泛应用。在移动设备上广泛使用的Android操作系统创建在Linux内核上；思科在网络防火墙和路由器中使用了定制的Linux；阿里云开发了一套基于Linux的操作系统"YunOS"等。

（4）Linux在云计算/大数据领域的发展

随着互联网产业的迅猛发展，促使云计算、大数据产业的形成并快速发展，云计算、大数据作为一个基于开源软件的平台，Linux占据了核心优势。86%的企业使用Linux操作系统进行云计算、大数据平台的构建。

4．Linux常见发行版

Linux有很多发行版，如Red Hat Linux、Ubuntu、CentOS系列等。

（1）Red Hat Linux

1994年11月3日，Red Hat Linux 1.0发布，该版本是Red Hat最早发行的个人版Linux。Red Hat Linux 9.0发布后，Red Hat公司就不再开发桌面版的Linux，而是集中精力开发服务器版本的Linux，即Red Hat Enterprise Linux版。2004年，Red Hat Linux正式完结。由于Red Hat Linux不再更新，所以不推荐使用。Red Hat图标如图3-34所示。

（2）Ubuntu

Ubuntu又称友帮拓、优般图或乌班图，其名称来自非洲的祖鲁语或豪萨语。Ubuntu图标如图3-35所示。

图3-34　RedHat图标

图3-35　Ubuntu图标

Ubuntu是由专业开发团队Canonical Ltd打造的基于Debian发行版和GNOME桌面环境开发的Linux操作系统。但是从11.04版本起，Ubuntu发行版放弃了GNOME桌面环境，改为Unity桌面环境。2013年1月3日，Ubuntu正式发布面向智能手机的移动操作系统。

Ubuntu的优势有以下几点：

1）版本更新时间间隔较短。

2）具有庞大的社区力量，用户可以方便地从社区获得帮助。

3）对GNU/Linux的普及，特别是桌面普及做出了巨大贡献，由此使更多人共享开源的成果与精彩。

但是，Ubuntu的技术支持和更新服务需要付费，在服务器软件生态系统的规模和活力方面稍弱。

（3）CentOS

CentOS，全称为Community Enterprise Operating System，即社区企业操作系统，是一个基于Red Hat Linux提供的可自由使用源代码的企业级Linux发行版本，其图标如图3-36所示。

图3-36　CentOS图标

CentOS由Red Hat Enterprise Linux释出的源代码编译而成，且每个版本的CentOS都会通过安全更新的方式获得十年支持，新版本的CentOS大约每两年发行一次，而每个版本的CentOS会定期更新一次，以便支持新的硬件。CentOS通过这种更新方式来建立一个安全、低维护、稳定、高预测性、高重复性的Linux环境。因此有些要求高度稳定性的服务器可以使用CentOS替代商业版的Red Hat Enterprise Linux使用。CentOS于2014初加入Red Hat，在原来的基础上做了一些更好的改变，见表3-2。

表3-2　CentOS加入Red Hat后的改变

保持	改变
不收费	为Red Hat工作，不是为 RHEL
赞助内容驱动的网络中心不变	Red Hat提供构建系统和初始内容分发资源的赞助
Bug、Issue 和紧急事件处理策略不变	一些开发的资源，包括源码的获取将更加容易
Red Hat Enterprise Linux 和 CentOS 防火墙依然存在	避免了原来和Red Hat的一些法律问题

CentOS的特点如下：

1）拥有庞大的网络用户群体，网络Linux资源80%基于CentOS发行版，在学习过程中遇到问题，可以在网络中比较容易地搜索到解决方案。

2）可以轻松地找到CentOS系列版本与各版本的安装介质。

3）应用范围广，具有典型性和代表性，现在大部分互联网公司的后台服务器都采用CentOS作为操作系统。

4）学习Linux时，一般也都以CentOS为主，方便交流。

5）安装和使用很简单，不会在装系统时浪费很多时间，所以非常适合初学者入门学习。

任务2　Linux常见命令操作

任务描述

本任务是使用Linux的基础操作，使用Linux命令进行用户的相关操作，使用常见命令进行Linux操作。本任务的思路如下：

（1）使用Linux创建用户

（2）使用Linux环境下的常见命令操作

扫码看视频

第一步：使用"useradd"命令新建用户，代码如下。

```
#创建一个描述为testuser、名称为user1的用户
[root@master ~]# useradd –c testuser user1
#创建一个所属目录为/usr/user2、名为user2的用户
[root@master ~]# useradd –d /usr/user2 user2
#创建一个名为user3的用户并设置用户组为root
[root@master ~]# useradd –g root user3
```

创建用户命令执行结果可通过"cat /etc/passwd"命令查看，结果如图3-37所示。

图3-37　创建用户命令执行结果

第二步：使用"userdel"命令删除用户user1，代码如下。

```
#删除用户user1
[root@master ~]# userdel user1
```

删除用户命令执行结果可通过"cat /etc/passwd"命令查看，结果如图3-38所示，创建的用户user1已经被移除。

图3-38　删除用户命令执行结果

第三步：使用"usermod"命令修改用户，代码如下。

#修改user2用户的用户说明

[root@master ~]# usermod –c testusers user2

#修改user3用户的用户目录

[root@master ~]# usermod –d /usr/user3 user3

#修改user2用户的所属用户组

[root@master ~]# usermod –g root user2

修改用户命令执行结果可通过"cat /etc/passwd"命令查看，结果如图3-39所示，用户user2的用户说明修改为testusers，用户组修改为0（root组），用户user3的目录也修改为"/usr/user3"。

```
File  Edit  View  Search  Terminal  Help
gdm:x:42:42::/var/lib/gdm:/sbin/nologin
gnome-initial-setup:x:991:986:::/run/gnome-initial-setup/:/sbin/nologin
sshd:x:74:74:Privilege-separated SSH:/var/empty/sshd:/sbin/nologin
avahi:x:70:70:Avahi mDNS/DNS-SD Stack:/var/run/avahi-daemon:/sbin/nologin
postfix:x:89:89::/var/spool/postfix:/sbin/nologin
tcpdump:x:72:72::/:/sbin/nologin
master:x:1000:1000::/home/master:/bin/bash
apache:x:48:48:Apache:/usr/share/httpd:/sbin/nologin
test3:x:1002:0::/home/test3:/bin/bash
user2:x:1004:0:testusers:/usr/user2:/bin/bash
user3:x:1005:0::/usr/user3:/bin/bash
[root@master ~]#
```

图3-39　修改用户命令执行结果

第四步：使用"su"命令切换用户后，可使用"exit"命令退出当前Shell。代码如下。

[root@master ~]# su user2

[user2@master root]$ su root

#root用户密码

Password:

#切换回root用户

[root@master ~]# su user2

[user2@master root]$ exit

exit

[root@master ~]#

第五步：使用"ls"命令查看目录列表，代码如下。

#查看当前目录

[root@master dir1]# ls

dir2

#查看全部文件并列出全部信息

[root@master dir1]# ls –al

```
total 4
drwxr-xr-x.  2 root root   18 May  9 18:29 .
dr-xr-x---. 23 root root 4096 May  9 18:28 ..
-rw-r--r--.  1 root root    0 May  9 18:29 dir2
#查看文件dir2的节点号
[root@master dir1]# ls –i dir2
2446000 dir2
```

第六步：使用"mkdir"命令创建目录，代码如下。

```
#显示没有dir1目录
[root@master ~]# ls
Desktop   Downloads memcached-1.4.29 Pictures rpmbuild Templates
Documents ll      Music       Public    sno      Videos
#创建目录dir1
[root@master ~]# mkdir dir1
#显示有dir1目录
[root@master ~]# ls
Desktop Documents ll        Music    Public   sno     Videos
dir1    Downloads memcached-1.4.29 Pictures rpmbuild Templates
#利用-p在创建dir2时在dir2下创建dir3
[root@master ~]# mkdir –p dir2/dir3
 #显示有dir2目录
[root@master ~]# ls
Desktop dir2     Downloads memcached-1.4.29 Pictures rpmbuild Templates
dir1    Documents ll       Music        Public   sno     Videos
#进入dir2目录
[root@master ~]# cd dir2
#显示有dir3目录
[root@master dir2]# ls
dir3
#切换回主目录
[root@master dir2]# cd
#创建dir4目录，并且只有文件主有读、写和执行权限，其他人无权访问
[root@master ~]# mkdir –m 700 dir4
#显示有dir4目录
[root@master ~]# ls
Desktop dir2 Documents ll        Music   Public  sno    Videos
dir1    dir4 Downloads memcached-1.4.29 Pictures rpmbuild Templates
[root@master ~]#
```

第七步：使用"rmdir"命令删除目录，代码如下。

[root@master ~]# mkdir dir10
[root@master ~]# ls –al dir10
total 4
drwxr-xr-x. 2 root root   6 Jun 1 13:17 .
dr-xr-x---. 22 root root 4096 Jun 1 13:17 ..
[root@master ~]# rmdir dir10
[root@master ~]# ls –al dir10
ls: cannot access dir10: No such file or directory

第八步：使用"touch"命令新建文件，代码如下。

[root@master ~]# cd dir1
#在dir1目录中创建dir2文件
[root@master dir1]# touch dir2.txt
#显示文件
[root@master dir1]# ls
dir2.txt

第九步：使用"find"命令查询指定路径下的文件，代码如下。

#在dir1目录下查名为dir2的文件
[root@master ~]# find dir1 –name dir2.txt
dir1/dir2.txt

第十步：使用"cat"命令查看文件内容，代码如下。

#使用编辑器在dir2中编写"hello world"
[root@master dir1]# vim dir2.txt
#使用cat目命令查看
[root@master dir1]# cat dir2.txt
hello world

第十一步：使用"mv"命令重命名文件，代码如下。

#将dir2改名为dir3
[root@master dir1]# mv dir2.txt dir3.txt
mv: overwrite 'dir3.txt'? y
[root@master dir1]# ls
dir3.txt #修改成功

1. 用户操作

Linux系统中root用户可以对普通用户进行一系列操作，如添加用户、删除用户、修改用户、用户密码管理、查看用户、切换用户等。

（1）添加用户

使用"useradd"命令添加新用户，可使用"useradd --help"命令查看其说明，基本格式如下。

```
useradd --help
用法：useradd [选项]
```

添加用户常用选项见表3-3。

表3-3 添加用户常用选项

选项	说明
-c comment	创建新用户并为该用户添加描述
-d 目录	指定用户所属目录，如没有目录会直接创建
-g 用户组	创建新用户并指定用户组
-G 用户组	创建新用户并指定用户的附加用户组
-s Shell文件	创建新用户并指定用户登录的Shell
-u 用户号	创建新用户并指定用户的用户号

（2）删除用户

如果要删除用户，可以使用"userdel"命令，可使用"userdel --help"命令查看其说明，基本格式如下。

```
userdel --help
用法：userdel [选项]
```

删除用户命令常用选项见表3-4。

表3-4 删除用户命令常用选项

选项	说明
-r	删除用户并删除其主目录
-f	强制删除用户，即使用户当前已登录

（3）修改用户

修改已经创建的用户，需要用到修改用户命令"usermod"，可使用"usermod --help"命令查看其说明，基本格式如下。

---
usermod --help
用法：usermod [选项]

修改用户命令常用选项见表3-5。

表3-5　修改用户命令常用选项

选项	说明
−c comment	修改用户说明
−d 目录	修改用户所属目录，如没有该目录会直接创建
−g 用户组	修改用户所属用户组
−G 用户组	修改用户附加用户组
−s Shell	修改用户登录的Shell命令
−u 用户号	修改用户原有用户号
−l 用户名	修改用户原有的用户名，并指定一个新用户名

（4）用户密码管理

在创建新用户之后，用户没有密码，可以为其设置密码。修改密码的权限是有限制的，root用户（超级用户/系统管理员）可以更改自己和其他任何用户的密码，而普通用户只能更改自己的用户密码。

用户密码管理命令为"passwd"，可使用"passwd --help"命令查看其说明，基本格式如下。

---
passwd --help
用法: passwd [选项...] <账号名称>

密码管理命令常用选项见表3-6。

表3-6　密码管理命令常用选项

选项	说明
为空	修改用户的密码
−l	锁定密码（禁用账号）
−u	解锁密码（启用被禁用的账号）
−d	使账号无密码
−f	使用户下次登录此账号时修改密码

普通用户和root（超级用户）修改密码的区别如下。

1）普通用户修改自己的用户密码时，Linux会先询问原来的密码，验证通过后，才会让用户输入新的密码，并让用户确认密码，以防用户出错。

2）超级用户修改密码时，Linux系统不会询问原先的用户密码，直接可以更改用户的密码，但是依然会需要重复输入密码，以防超级用户出错。

使用passwd命令修改用户密码，代码如下。

```
#修改user2用户的密码
[root@master ~]# passwd user2
#锁定user3用户
[root@master ~]# passwd –l user3
```

修改user2、user3密码，修改密码命令执行结果如图3-40所示。

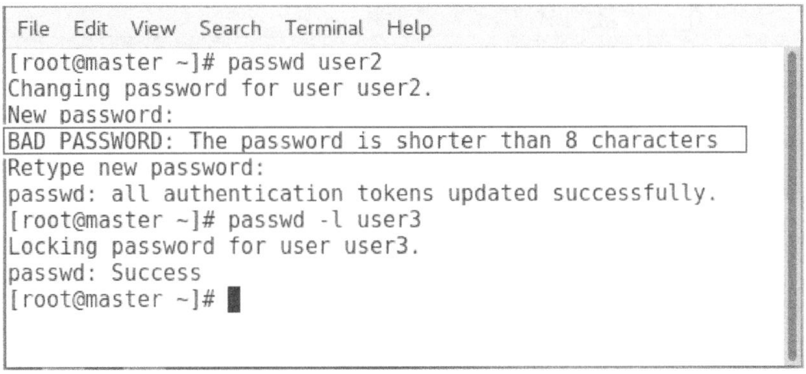
File Edit View Search Terminal Help
[root@master ~]# passwd user2
Changing password for user user2.
New password:
BAD PASSWORD: The password is shorter than 8 characters
Retype new password:
passwd: all authentication tokens updated successfully.
[root@master ~]# passwd -l user3
Locking password for user user3.
passwd: Success
[root@master ~]#

图3–40　修改密码命令执行结果

图3-40中，被标记的部分是指Linux系统提示密码安全性较低，密码位数低于8位。虽然最后可以修改成功，但是建议用户在设定密码时设定一些自己容易记忆且安全性较高的密码。

（5）查看用户

查看用户命令共有三个，见表3-7。

表3–7　查看用户命令

命令	说明
users	查看系统当前登录用户
who	查看root（超级用户）通过哪一个终端登录Linux系统
w	与who命令相似，可以查看更为详细的信息

“users”“who”“w”命令执行结果如图3-41所示。

图3-41 查看用户命令执行结果

由图3-41中被标记的部分可知,"w"命令执行结果各列含义见表3-8。

表3-8 "W"命令执行结果各列含义

列名	含义
USER	用户
TTY	登录终端
FROM	登录来源
LOGIN@	登录时间
IDLE	用户闲置时间
JCPU	消耗CPU时间总量
PCPU	当前运行进程消耗CPU时间总量
WHAT	当前运行进程

(6)切换用户

在用户使用Linux系统而没有权限做某些操作时,可以使用"su"命令切换用户。切换用户时事先要知道该用户的密码。

"su"命令切换用户的基本格式如下。

---

su --help
用法:
 su [选项1] [-] [USER [ARG]...]

切换用户常用选项见表3-9。

表3-9 切换用户常用选项

选项	说明
-m或-p或--preserve-environment	切换身份时不改变环境变量
-G或--supp-group <组>	指定一个辅助组
-l或--login	使Shell成为登录 Shell
-c或--command <命令>	使用 -c 向Shell传递一条命令
--session-command <命令>	使用 -c 向Shell传递一条命令而不创建新会话
-f或--fast	向Shell传递-f选项(csh或tcsh)
-s, --shell <shell>	若/etc/shells允许,则运行Shell
ARG	传入新的Shell参数

（7）查看路径

当不知道当前目录的绝对路径时，可以使用"pwd"命令查看当前目录的绝对路径，使用"pwd"命令执行代码，基本格式如下。

```
[root@localhost usr]# pwd
/usr
```

（8）切换路径

当不在当前目录操作时，可以使用"cd"命令来改变当前工作目录，基本格式如下。

```
cd [选项]
```

"cd"命令常用选项见表3-10。

表3-10 "cd"命令常用选项

选项	说明
目录名	切换到指定目录
~	切换到当前用户的默认工作目录
~用户名	切换到指定用户的默认工作目录
..或../	切换到上级目录
/	切换到根目录
为空	切换到主目录

使用"cd"命令切换目录，代码如下。

```
#切换到home目录
[root@master ~]# cd /home
#切换回主目录
[root@master home]# cd
#切换到根目录
[root@master ~]# cd /
#切换回主目录
[root@master /]# cd
```

绝对路径和相对路径的比较：对于日常使用来说，绝对路径的使用率较高，因为绝对路径可以从根目录直接地指向文件的所在位置，路径结构性和逻辑性较为稳定，正确度较高。而相对路径的特点是灵活性较大，因为相对路径只依附于文件上级目录。综上所述，为了查找文件位置的正确性，建议使用绝对路径。

2．目录操作

在Linux系统中可以对目录进行一系列操作，如显示目标列表、创建目录、删除目录等。

（1）显示目标列表

可以使用"ls"命令查看指定目录下的文件，可使用"ls --help"命令查看其说明，基本格式如下。

---

ls --help
用法：ls [选项]... [文件]...

"ls"命令常用选项见表3-11。

表3-11 "ls"命令常用选项

选项	说明
-a	查看全部文件以及目录，包括隐藏文件和目录
-d	仅列出目录本身，不包括文件
-l	列出文件的详细信息
-i	显示文件索引节点号（inode）。一个索引节点代表一个文件
-m	用","号区隔每个文件和目录的名称
-L	如果遇到性质为符号链接的文件或目录，直接列出该链接所指向的原始文件或目录
-R	递归处理，将指定目录下的所有文件及子目录一并处理
-F	在每个输出项后追加文件的类型标识符，具体含义："*"表示具有可执行权限的普通文件，"/"表示目录，"@"表示符号链接，"|"表示命令管道FIFO，"="表示sockets套接字；当文件为普通文件时，不输出任何标识符
-A	显示除隐藏文件"."和".."以外的所有文件列表
-C	多列显示输出结果，这是默认选项
-c	与"-lt"选项连用时，按照文件状态时间排序输出目录内容，排序的依据是文件的索引节点中的ctime字段。与"-l"选项连用时，则排序的依据是文件的状态改变时间
--file-type	与"-F"选项的功能相同，但是不显示"*"
-k	以KB（千字节）为单位显示文件大小
-n	以用户识别码和群组识别码替代其名称
-r	以文件名反序排列并输出目录内容列表
-s	显示文件和目录的大小，以区块为单位
-t	用文件和目录的更改时间排序
--full-time	列出完整的日期与时间

（2）创建目录

使用"mkdir"命令创建目录，可使用"mkdir --help"命令查看其说明，基本格式如下。

---

mkdir --help
用法：mkdir [选项]... 目录...

"mkdir"命令常用选项见表3-12。

表3-12 "mkdir"命令常用选项

选项	说明
为空	创建指定目录
-m	创建目录的同时设置存取权限
-p	递归创建目录

（3）删除目录

使用"rmdir"命令删除目录。但必须离开目录，并且目录必须为空目录，否则会提示删除失败。"rmdir"命令基本格式如下。

rmdir [选项] 目录

"rmdir"命令常用选项见表3-13。

表3-13 "rmdir"命令常用选项

选项	说明
-p	删除指定目录后，若该目录的上层目录已变成空目录，则将其一并删除
-v	显示命令的详细执行过程

3．文件操作

Linux系统中可以对文件进行一系列操作，如创建文件、文件查询、查看文件内容、删除文件、移动与重命名文件等。

（1）创建文件

使用"touch"命令创建文件，可使用"touch--help"命令查看其说明，基本格式如下。

touch --help
用法：touch [选项]... 文件...

"touch"命令常用选项见表3-14。

表3-14 "touch"命令常用选项

选项	说明
-a	改变文件的访问时间为当前系统时间
-m	改变文件的修改时间为当前系统时间
-c	如果文件存在则不去创建
-d/-t	设置指定的日期时间
-r	使指定内容的日期时间与参考内容的相同

(2)文件查询

当创建的文件很多时可以使用"find"命令查找指定路径下的文件,基本格式如下。

```
find 目录名 [选项] 范围
```

"find"命令常用选项与范围见表3-15。例如,查找根目录下文件大小大于50k,小于60k的文件,可以使用"find/-size+50k-size-60k"命令。

表3-15 "find"命令常用选项与范围

选项与范围	格式介绍
–name [文件名]	查找指定目录下所有名为指定名字的文件
–name '*.[扩展名]'	查找指定目录下所有扩展名为指定扩展名的文件
–name "[A–Z]*"	查找指定目录下所有以大写字母开头的文件
–size [文件大小]	查找指定目录下等于指定文件大小的文件
–size +[文件大小]	查找指定目录下大于指定文件大小的文件
–size -[文件大小]	查找指定目录下小于指定文件大小的文件
–size +[文件大小] –size -[文件大小]	查找指定目录下大于指定文件大小,小于指定文件大小的文件
–perm [文件权限]	查找指定目录下权限为指定文件权限的文件或目录

(3)查看文件内容

找到文件后用"cat"命令查看文件内容。可使用"cat --help"命令查看其说明,基本格式如下。

```
cat --help
用法:cat [选项]... [文件]...
```

"cat"命令常用选项见表3-16。

表3-16 "cat"命令常用选项

选项	说明
–A	查看所有文件
–n	对输出的一切行编号
–b	对非空输出行编号
–E	在每行完毕处显现$
–s,	不输出多行空行
–T	将跳字符显现为^I

（4）删除文件

当某个文件没用的时候用"rm"（remove）命令删除这个文件，可使用"rm --help"命令查看其说明，基本格式如下。

---

rm --help
用法：rm [选项]... 文件...

"rm"命令常用选项见表3-17。

表3-17 "rm"命令常用选项

选项	说明
-f	忽略文件不存在的问题
-i	在删除时要手动确认
-r	递归删除目录及其内容

（5）移动与重命名文件

"mv"(move)命令可以移动文件到指定位置，或是进行重命名。可使用"mv --help"命令查看其说明，基本格式如下。

---

mv --help
用法：mv [选项]... [-T] 源文件 目标文件
　或：mv [选项]... 源文件... 目录
　或：mv [选项]... -t 目录 源文件...

"mv"命令常用选项见表3-18。

表3-18 "mv"命令常用选项

选项	说明
-i	提示是否覆盖的信息，需手动确认
-f	不给提示，直接覆盖
-v	显示详细的进行步骤

4．Linux的Shell脚本

Shell是一个命令解释器，具有功能相当强大的编程语言，用Shell的编程语言编写的脚本可以直接调用Linux系统命令。

Shell位于操作系统最外层，负责直接与用户对话，它解释由用户输入的命令并且把它们送到内核，经过处理后，将结果输出到屏幕返回给用户。Shell这种对话方式可以是交互式也可以是非交互式，交互式是指从键盘输入命令可以立即得到Shell的回应，非交互式指Shell脚本。换句话说，Shell为用户提供了一个可视的命令行输入界面，以便向Linux内核发送请求来运行程序，使用户可以使用Shell命令启动、挂起、停止和编写一些程序。Shell在操作系统中的位置如图3-42所示。

图3-42　Shell在操作系统中的位置

运行Shell脚本有两种方法：作为可执行程序和使用bash命令。

（1）作为可执行程序

将文本保存为扩展名是".sh"的文本文件，使用"ls -al"命令查看文本文件的权限，当文本文件本身没有可执行权限（即文件权限属性"x"位为"-"号）时，使用"cd"命令进入该文本文件所在的目录，通过改变文件权限使程序可以执行，基本格式如下。

---

chmod +x ./文件名　　#使脚本具有执行权限
./文件名　　　　#执行脚本 文件路径+文件名

注意，一定要写成"./文件名"，而不是直接写文件名，否则Linux系统会在PATH里寻找有没有该文件，而PATH里只有"/bin""/sbin""/usr/bin""/usr/sbin"等目录，当前目录通常不在PATH里，所以直接写文件名找不到命令，要用"./文件名"告诉系统要在当前目录找文件。

（2）使用bash命令

将代码保存为扩展名是".sh"的文本文件，使用"ls -al"命令查看文本文件的权限，当文本文件本身没有可执行权限（即文件权限属性"x"位为"-"号）时，使用"cd"命令进入该文本文件所在的目录，然后利用"bash"命令运行该文本文件。"bash"命令基本格式如下。

---

bash 文件名

第一个Shell程序的示例代码如下。

---

echo hello world!

---

hello.sh运行结果如图3-43所示。

图3-43　hello.sh运行结果

拓展任务

使用Linux命令创建用户，建立文件夹AA、BB，在文件夹下建立子文件aa，接着将aa移动到BB目录下。任务思路如下：

（1）打开Linux操作窗口

（2）创建账户，设置账户密码

（3）创建文件夹，移动文件

任务总体评价

通过学习以上任务，看看自己是否掌握了以下技能，在技能检测表中标出已掌握的技能。

评价标准	个人评价	小组评价	教师评价
能够使用Linux进行用户的相关操作			
能够使用Linux命令进行文件的操作			
能够使用Linux命令进行目录的管理			

备注：A为能做到　B为基本能做到　C为部分能做到　D为基本做不到

练习题

一、填空题

1．在Linux系统中，以_____方式访问设备。

2．Linux内核引导时，从文件_____中读取要加载的文件系统。

3．Linux文件系统中每个文件用_____来标识。

4. 全部磁盘块由四个部分组成，分别为_____、_____、_____和数据存储块。

5. 链接分为_____和_____。

6. 前台起动的进程使用_____终止。

7. 静态路由设定后，若网络拓扑结构发生变化，需由_____修改路由的设置。

8. 网络管理通常由_____、_____和管理三部分组成，其中管理部分是整个网络管理的中心。

9. Ping命令可以测试网络中本机系统是否能到达一台_____，所以常常用于测试网络的连通性。

10. vi编辑器具有两种工作模式：_____和_____。

二、单项选择题

1. 在登录Linux时，一个具有唯一进程ID号的Shell将被调用，这个ID是（　　）。

  A．NID   B．PID   C．UID   D．CID

2. （　　）是用于存放用户密码信息的目录。

  A．/boot   B．/etc   C．/var   D．/dev

3. （　　）不是流行的Linux操作系统。

  A．Red Hat Linux   B．Mac OS

  C．Ubuntu Linux   D．Red Flag Linux

4. 关闭Linux系统（不重新启动）可使用命令（　　）。

  A．Ctrl+Alt+Del   B．halt

  C．shutdown -r now   D．reboot

5. 用自动补全功能时，输入命令名或文件名的前1个或几个字母后按什么键？（　　）

  A．<Ctrl>键 B．<Tab>键 C．<Alt>键 D．<Esc>键

6. 在vi中退出不保存的命令是（　　）。

  A．:q   B．:w   C．:wq   D．:q!

7. （　　）是可以一次显示一页内容的Linux命令。

  A．pause   B．cat   C．more   D．grep

8. pwd命令功能是（　　）。

  A．设置用户的密码   B．显示用户的密码

  C．显示当前目录的绝对路径 D．查看当前目录的文件

Project 4

项目 ④
Apache容器数据采集

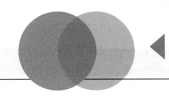

项目情境

经理：小张，Apache容器你了解吗？

小张：经理，我不太了解。Apache有Windows和Linux版本，您说的是哪个？

经理：前段时间让你学习了Linux操作系统，你还记得吗？

小张：还记得。

经理：嗯，现在有一个需求需要你去做一下。

小张：好的，没问题。

经理：使用Linux操作系统，安装Apache容器，安装Filebeat使用Logstash采集日志信息，把整个过程中必要的知识以及每一步的步骤都整理下来，总结编写一个案例出来。

小张：好的。

小张和经理谈完话后，复习了Linux的相关知识，对经理的需求也进行了分析，最后打算分4个步骤来实现。

步骤一：学习Apache相关的知识。

步骤二：在Linux环境下安装Apache容器。

步骤三：使用Apache和Logstash完成日志信息的采集。

步骤四：完成Windows下Apache的使用和配置。

学习目标

【知识目标】

- 了解什么是中间件
- 了解Apache的发展和历史

- 了解Apache的管理和使用
- 掌握Apache的基本命令
- 掌握httpd的MPM基本特性
- 掌握httpd.conf的配置和输出
- 掌握Filebeat的安装和使用
- 掌握Filebeat的配置文件修改
- 掌握Windows中Apache的基本使用
- 掌握Apache日志文件的操作

【技能目标】

- 能够成功安装Apache容器
- 能够成功安装Filebeat收集器
- 能够完成httpd.conf的配置
- 能够控制日志文件的输出格式
- 能够对日志文件进行分割
- 能够修改Filebeat.yml的配置
- 能够使用Logstash进行数据的采集
- 能够使用Logstash将收集到的数据输出到MySQL数据库
- 能够在Windows下进行相关采集工作

任务1　Linux下Apache的安装

任务描述

通过本任务要求掌握Apache在Linux环境下的安装和使用方法，掌握它开启和关闭服务的命令。本任务的思路如下：

（1）在Linux环境下使用命令安装Apache

（2）使用命令启动服务

（3）在浏览器中查看Apache的起始页

扫码看视频

任务步骤

第一步：打开命令窗口，查看httpd包是否可用。

```
# yum list | grep httpd
```

第二步：安装Apache。

```
# yum install httpd
```

效果如图4-1所示。

```
>"
 Fingerprint: 6341 ab27 53d7 8a78 a7c2 7bb1 24c6 a8a7 f4a8 0eb5
 Package    : centos-release-7-4.1708.el7.centos.x86_64 (@anaconda)
 From       : /etc/pki/rpm-gpg/RPM-GPG-KEY-CentOS-7
Is this ok [y/N]: y
Running transaction check
Running transaction test
Transaction test succeeded
Running transaction
  Installing : mailcap-2.1.41-2.el7.noarch                         1/3
  Installing : httpd-tools-2.4.6-93.el7.centos.x86_64              2/3
  Installing : httpd-2.4.6-93.el7.centos.x86_64                    3/3
  Verifying  : httpd-tools-2.4.6-93.el7.centos.x86_64              1/3
  Verifying  : mailcap-2.1.41-2.el7.noarch                         2/3
  Verifying  : httpd-2.4.6-93.el7.centos.x86_64                    3/3

Installed:
  httpd.x86_64 0:2.4.6-93.el7.centos

Dependency Installed:
  httpd-tools.x86_64 0:2.4.6-93.el7.centos    mailcap.noarch 0:2.1.41-2.el7

Complete!
[root@localhost master]#
```

图4-1　安装Apache

第三步：启动Apache服务代码如下：

```
# httpd
```

使用如下命令查看是否启动成功，启动成功效果如图4-2所示。

```
lsof –i:80
```

```
[root@localhost master]# lsof -i:80
COMMAND  PID   USER  FD   TYPE DEVICE SIZE/OFF NODE NAME
httpd    3379  root   4u  IPv6  38799      0t0  TCP *:http (LISTEN)
httpd    3386  apache 4u  IPv6  38799      0t0  TCP *:http (LISTEN)
httpd    3387  apache 4u  IPv6  38799      0t0  TCP *:http (LISTEN)
httpd    3388  apache 4u  IPv6  38799      0t0  TCP *:http (LISTEN)
httpd    3389  apache 4u  IPv6  38799      0t0  TCP *:http (LISTEN)
httpd    3390  apache 4u  IPv6  38799      0t0  TCP *:http (LISTEN)
```

图4-2　查看端口号

在网页中输入localhost，效果如图4-3所示。

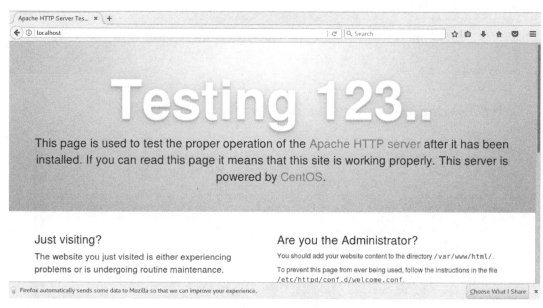

图4-3 查看效果

1. 中间件容器的概述

中间件处于操作系统软件和用户应用软件之间，是一种独立的系统软件或服务程序，位于客户机服务器的操作系统之上，其作用是为处于自己上层的应用软件提供运行与开发的环境，管理计算资源和网络通信。在实际应用过程中，经常会遇到Web服务器、Web中间件和Web容器。

Web服务器是提供Web服务的软件或者主机，比如IIS、Apache、Nginx等，主要用来处理HTTP，响应针对静态页面或者图片的请求，进行页面跳转，或者把动态请求委托其他程序。

Web中间件就是提供系统软件和应用软件之间连接的软件，以便于软件各部件之间的沟通。

Web容器是遵循J2EE规范标准的Web服务器的一种容器，常用的有Tomcat（Servlet容器）、IIS（ASP容器），是中间件的一个重要组成部分，其目的是实现动态语言的解析，比如使用Tomcat解析JSP。

2. Apache的历史与发展

Apache是由伊利诺伊大学香槟分校的国家超级计算机应用中心（NCSA）开发，是一种

Internet上非常流行的HTTP服务器。Apache HTTP服务器是Robert McCool在1995年写成，并在1999年开始在Apache软件基金会的框架下进行开发的。

2002年Apache 2.0版本发布，几乎重写了整个架构，并全部剔除了NCSA的代码，主要具有如下特点：

1）增强了Apache的跨平台移植性。

2）提高了服务器的稳定性。

3）增强了模块功能。

同年发布了Apache 2.2版本，除了对配置文件的简化和速度的提升之外，更多改变的是模块，主要是认证和授权模块，同时增加了缓冲存储清理工具，支持正则表达式，支持UNIX系统上大于2GB的文件，支持数据库等功能。

从2008年Apache 2.3 beta版本发布到现在的Apache 2.4版本，Apache作出了很大的变动，比如：

1）mpm模块将不再是只能选择一种mpm编译进内核，而是作为可装载模块或者全部编译到Apache服务器中，然后根据配置文件进行配置。

2）keepaliveTimeout参数可以使用毫秒（ms）为单位，以减轻服务器负担。

3）内容使用量减少。

4）增加表达式解析。

5）增加了大量的新模块。

3．Apache安装

使用yum成功安装httpd服务后，对应的httpd目录见表4-1。

表4-1　目录说明

路径	说明
/etc/httpd/conf	# 配置文件路径
/etc/httpd/conf/httpd.conf	# 主配置文件
/usr/lib64/httpd/	# 库文件路径
/usr/sbin/	# 命令文件路径
/usr/share/doc/httpd-2.4.6	# 文档路径
/var/cache/httpd	# 缓存路径
/var/log/httpd	# 日志路径
/var/www/html	# 发布路径

任务2 Linux下Apache容器数据采集

本任务是Apache容器数据的采集以及Filebeat的安装,最后通过Logstash进行日志数据的采集。本任务的思路如下:

(1)安装Filebeat

(2)使用Logstash进行数据采集

扫码看视频

第一步:打开浏览器,下载Filebeat 7.6.2 Linux版本。由于国内的网络不能访问国外的服务器,所以通过华为的国内镜像下载,下载如图4-4所示的版本。

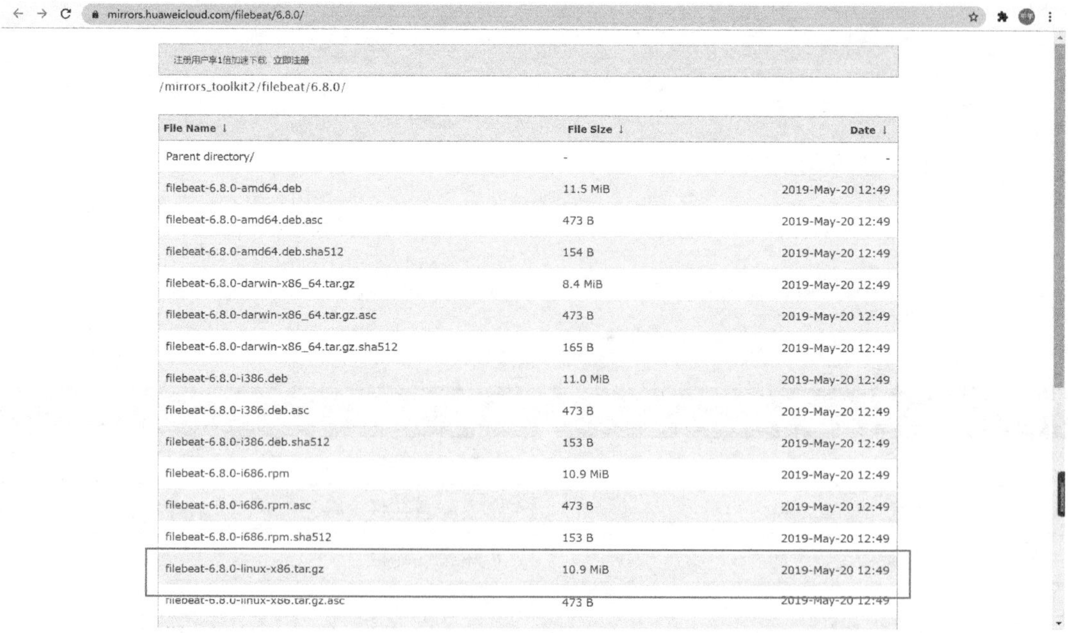

图4-4 下载Filebeat

第二步:解压,效果如图4-5所示。

```
tar -zxvf Filebeat-7.6.2-linux-x86_64.tar.gz
```

```
[master@192 Desktop]$ tar -zxvf filebeat-7.6.2-linux-x86_64.tar.gz
filebeat-7.6.2-linux-x86_64/filebeat.reference.yml
filebeat-7.6.2-linux-x86_64/filebeat.yml
filebeat-7.6.2-linux-x86_64/module/
filebeat-7.6.2-linux-x86_64/module/activemq/
filebeat-7.6.2-linux-x86_64/module/activemq/audit/
filebeat-7.6.2-linux-x86_64/module/activemq/audit/config/
filebeat-7.6.2-linux-x86_64/module/activemq/audit/config/audit.yml
filebeat-7.6.2-linux-x86_64/module/activemq/audit/ingest/
filebeat-7.6.2-linux-x86_64/module/activemq/audit/ingest/pipeline.yml
filebeat-7.6.2-linux-x86_64/module/activemq/audit/manifest.yml
filebeat-7.6.2-linux-x86_64/module/activemq/log/
filebeat-7.6.2-linux-x86_64/module/activemq/log/config/
filebeat-7.6.2-linux-x86_64/module/activemq/log/config/log.yml
filebeat-7.6.2-linux-x86_64/module/activemq/log/ingest/
filebeat-7.6.2-linux-x86_64/module/activemq/log/ingest/pipeline.yml
filebeat-7.6.2-linux-x86_64/module/activemq/log/manifest.yml
filebeat-7.6.2-linux-x86_64/module/activemq/module.yml
filebeat-7.6.2-linux-x86_64/module/apache/
filebeat-7.6.2-linux-x86_64/module/apache/access/
filebeat-7.6.2-linux-x86_64/module/apache/access/config/
filebeat-7.6.2-linux-x86_64/module/apache/access/config/access.yml
filebeat-7.6.2-linux-x86_64/module/apache/access/ingest/
filebeat-7.6.2-linux-x86_64/module/apache/access/ingest/default.json
```

图4-5　解压tar –zxvf Filebeat-7.6.2-linux-x86_64.tar.gz

重命名，可以取一个简单的名字。

```
mv Filebeat-7.6.2-linux-x86_64 Filebeat
```

第三步：切换到Filebeat文件夹下，使用vim修改Filebeat.yml。

```
cd /usr/local/Filebeat/
vim Filebeat.yml
```

第四步：获取一个日志文件并输出到Logstash的端口上，输入配置如图4-6所示，输出配置如图4-7所示。

```
filebeat.inputs:

# Each - is an input. Most options can be set at the input level, so
# you can use different inputs for various configurations.
# Below are the input specific configurations.

- type: log

  # Change to true to enable this input configuration.
  enabled: true

  # Paths that should be crawled and fetched. Glob based paths.
  paths:
    - /etc/httpd/logs/access_log.log
    #- c:\programdata\elasticsearch\logs\*
```

图4-6　输入配置

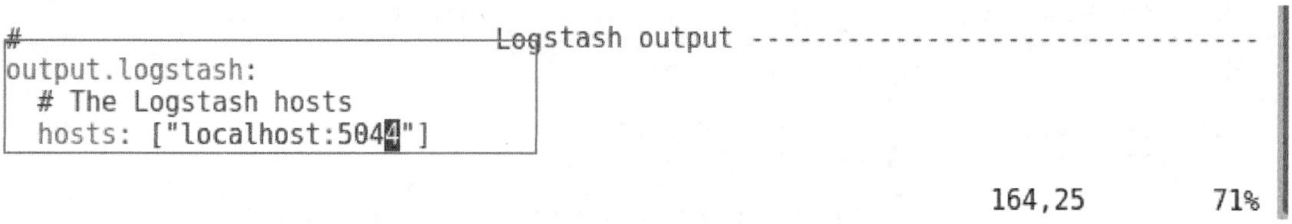

```
#------------------------------ Logstash output -------------------------------
output.logstash:
  # The Logstash hosts
  hosts: ["localhost:5044"]

                                                        164,25        71%
```

图4-7　输出配置

第五步：在控制台启动Filebeat，代码如下，效果如图4-8所示。

```
./filebeat -e -c filebeat.yml
```

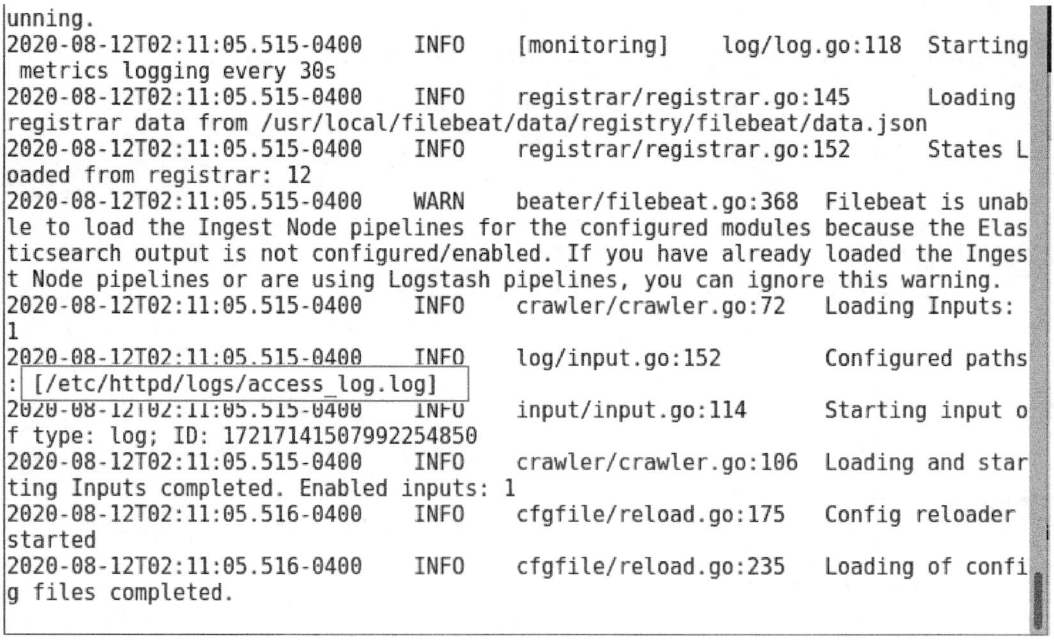

```
unning.
2020-08-12T02:11:05.515-0400    INFO    [monitoring]    log/log.go:118  Starting
 metrics logging every 30s
2020-08-12T02:11:05.515-0400    INFO    registrar/registrar.go:145      Loading
registrar data from /usr/local/filebeat/data/registry/filebeat/data.json
2020-08-12T02:11:05.515-0400    INFO    registrar/registrar.go:152      States L
oaded from registrar: 12
2020-08-12T02:11:05.515-0400    WARN    beater/filebeat.go:368  Filebeat is unab
le to load the Ingest Node pipelines for the configured modules because the Elas
ticsearch output is not configured/enabled. If you have already loaded the Inges
t Node pipelines or are using Logstash pipelines, you can ignore this warning.
2020-08-12T02:11:05.515-0400    INFO    crawler/crawler.go:72   Loading Inputs:
1
2020-08-12T02:11:05.515-0400    INFO    log/input.go:152        Configured paths
: [/etc/httpd/logs/access_log.log]
2020-08-12T02:11:05.515-0400    INFO    input/input.go:114      Starting input o
f type: log; ID: 17217141507992254850
2020-08-12T02:11:05.515-0400    INFO    crawler/crawler.go:106  Loading and star
ting Inputs completed. Enabled inputs: 1
2020-08-12T02:11:05.516-0400    INFO    cfgfile/reload.go:175   Config reloader
started
2020-08-12T02:11:05.516-0400    INFO    cfgfile/reload.go:235   Loading of confi
g files completed.
```

图4-8　启动Filebeat

第六步：下载Logstash. tar. gz格式并进行解压安装。代码如下，效果如图4-9所示。

```
#解压
tar -zxvf Logstash-7.6.2.tar.gz
#重命名
mv Logstash-7.6.2 Logstash
```

```
[root@192 Desktop]# tar -zxvf  logstash-7.6.2.tar.gz
logstash-7.6.2/
logstash-7.6.2/tools/
logstash-7.6.2/bin/
logstash-7.6.2/config/
logstash-7.6.2/logstash-core/
logstash-7.6.2/logstash-core-plugin-api/
logstash-7.6.2/CONTRIBUTORS
logstash-7.6.2/NOTICE.TXT
logstash-7.6.2/lib/
logstash-7.6.2/Gemfile
logstash-7.6.2/Gemfile.lock
logstash-7.6.2/LICENSE.txt
logstash-7.6.2/modules/
logstash-7.6.2/data/
logstash-7.6.2/x-pack/
logstash-7.6.2/vendor/
logstash-7.6.2/vendor/bundle/
logstash-7.6.2/vendor/jruby/
logstash-7.6.2/vendor/jruby/bin/
logstash-7.6.2/vendor/jruby/BSDL
logstash-7.6.2/vendor/jruby/samples/
```

图4-9　解压Logstash.tar.gz并启动

第七步：切换到/usr/local/Logstash/目录下，在Logstash服务器上配置接收Filebeat输入的日志。

```
cd /usr/local/Logstash/
vim config/Logstash.yml
```

第八步：输入源定义为beats的TCP端口接收，输出源定义为控制台输出。

```
input {
    beats {
        port => 5044
    }
}
filter {
    grok {
      match => { "message" => "%{HTTPD_COMMONLOG}" }
        }
}
output {

    stdout{
        codec => rubydebug
    }
}
```

第九步：切换到bin目录并在控制台启动Logstash，效果如图4-10所示。

```
cd /usr/local/Logstash/bin/
./Logstash --path.settings /usr/local/Logstash/config/ -f /usr/local/Logstash/config/Logstash.conf
```

```
[root@192 bin]# ./logstash --path.settings /usr/local/logstash/config/ -f /usr/l
ocal/logstash/config/logstash.conf
OpenJDK 64-Bit Server VM warning: If the number of processors is expected to inc
rease from one, then you should configure the number of parallel GC threads appr
opriately using -XX:ParallelGCThreads=N
Sending Logstash logs to /usr/local/logstash/logs which is now configured via lo
g4j2.properties
[2020-08-11T02:46:53,563][INFO ][logstash.setting.writabledirectory] Creating di
rectory {:setting=>"path.queue", :path=>"/usr/local/logstash/data/queue"}
[2020-08-11T02:46:53,896][INFO ][logstash.setting.writabledirectory] Creating di
rectory {:setting=>"path.dead_letter_queue", :path=>"/usr/local/logstash/data/de
ad_letter_queue"}
[2020-08-11T02:46:55,038][WARN ][logstash.config.source.multilocal] Ignoring the
 'pipelines.yml' file because modules or command line options are specified
[2020-08-11T02:46:55,142][INFO ][logstash.runner          ] Starting Logstash {"
logstash.version"=>"7.6.2"}
[2020-08-11T02:46:55,207][INFO ][logstash.agent           ] No persistent UUID f
ile found. Generating new UUID {:uuid=>"c4d4c63c-56aa-49c4-b9cd-4af43d057962", :
path=>"/usr/local/logstash/data/uuid"}
[2020-08-11T02:46:58,969][INFO ][org.reflections.Reflections] Reflections took 1
34 ms to scan 1 urls, producing 20 keys and 40 values
```

图4-10　启动Logstash

打开浏览器，输入localhost：9600，效果如图4-11所示。

图4-11　浏览器输出结果

此时Logstash控制台效果如图4-12所示。

```
        "@version" => "1",
      "@timestamp" => "2020-8-12 T04:35:21.342Z",
           "host" => "0.0.0.0",
           "path" => "/etc/httpd/logs/access_log",
           "type" => "apache_access",
       "clientip" => "192.168.55.1",
          "ident" => "-",
           "auth" => "-",
      "timestamp" => "012/Aug/2020:12:35:21 +0800",
           "verb" => "POST",
```

图4-12 Logstash输出结果

知识储备

1．Apache基本命令

1）启动命令。

启动Apache服务，一般命令为：

```
# service httpd start
```

如果Apache服务是独立安装的，或者是安装在其他地方的，假设安装目录为"/usr/local/Apache-httpd/"，可以到安装目录启动，命令如下：

```
# /usr/local/Apache-httpd/bin/Apachectl start
```

也可以在启动服务时指定使用某个配置文件，命令如下：

```
# Apachectl –f /etc/httpd/httpd.conf
```

2）关闭命令。

```
# service httpd stop
```

去到指定安装目录停止Apache，命令如下：

/usr/local/Apache-httpd/bin/Apachectl stop

3）重启，命令如下：

httpd –k restart

4）常见其他命令。

Apache在安装过程中，默认提供了一些基础的配置，安装完成之后可以对外提供WWW服务，为了更好地运作，有时需要对Apache进行相关配置，主要配置文件为httpd.conf。常用的命令见表4-2。

表4-2　Apache常用命令

命令	说明
httpd	Apache 服务器
Apachectl	Apache HTTP 服务器控制工具
configure	配置源代码
dbmmanage	为基本认证创建和更新DBM 格式的用户认证文件
htcacheclean	清理磁盘缓存
htdigest	创建和更新用户认证文件，用于摘要认证
htdbm	操作 DBM 密码数据库

使用httpd命令查看Apache软件的安装版本信息，效果如图4-13所示。

```
[root@localhost master]# httpd -v
Server version: Apache/2.4.6 (CentOS)
Server built:   Apr  2 2020 13:13:23
```

图4-13　查看Apache安装版本

2．Apache日志文件名称及路径

安装好Apache服务器以后，会在目录文件下产生配置文件。当使用Apache时，通过修改"httpd.conf"文件可以调配服务器的两个日志输出，这两个日志文件一个是负责收集访问信息的"access_log"，而另一个是负责收集错误信息的"error_log"。它们都在httpd.conf文件中找到配置的位置。"access_log"的配置如图4-14所示，"error_log"的配置如图4-15所示。

```
<IfModule log_config_module>
    #
    # The following directives define some format nicknames for use with
    # a CustomLog directive (see below).
    #
    LogFormat "%h %l %u %t \"%r\" %>s %b \"%{Referer}i\" \"%{User-Agent}i\"" combined
    LogFormat "%h %l %u %t \"%r\" %>s %b" common

    <IfModule logio_module>
      # You need to enable mod_logio.c to use %I and %O
      LogFormat "%h %l %u %t \"%r\" %>s %b \"%{Referer}i\" \"%{User-Agent}i\" %I %O" combinedio
    </IfModule>

    #
    # The location and format of the access logfile (Common Logfile Format).
    # If you do not define any access logfiles within a <VirtualHost>
    # container, they will be logged here.  Contrariwise, if you *do*
    # define per-<VirtualHost> access logfiles, transactions will be
    # logged therein and *not* in this file.
    #
    CustomLog "logs/access_log" common

    #
    # If you prefer a logfile with access, agent, and referer information
    # (Combined Logfile Format) you can use the following directive.
    #
    #CustomLog "logs/access_log" combined
</IfModule>
```

日志格式化（对应上方 LogFormat 区块）

日志输出地址（对应 CustomLog 行）

图4-14　access_log格式化和输出地址

```
#
# ErrorLog: The location of the error log file.
# If you do not specify an ErrorLog directive within a <VirtualHost>
# container, error messages relating to that virtual host will be
# logged here.  If you *do* define an error logfile for a <VirtualHost>
# container, that host's errors will be logged there and not here.
#
ErrorLog "logs/error_log"
```

图4-15　error_log的输出地址

3. httpd的MPM特性

httpd采用core+modules模块化设计方法，其中模块采用DSO（Dynamic Shared Object，动态模块加载）的方式，具有MPM（Multipath Processing Module，多道处理模块）特性。其主要有3种工作方式：

1）prefork：一个请求用一个进程处理。这种方式稳定性好、大并发场景下消耗资源较多；事先创建进程，按需维持适当的进程，模块化设计，核心比较小，各种功能都模块添加（包括PHP）；支持运行配置，支持单独编译模块，支持多种方式的虚拟主机配置。

2）worker：一个进程多个线程，一个线程响应一个请求。

3）event：一个线程响应多个请求，事件驱动，主要目的在于实现单线程响应多个请求。

常用的配置代码如下:

```
<IfModule mpm_event_module>
# StartServers：启动的子进程的个数
StartServers              3
# MaxClients: 并发请求的最大数；
MinSpareThreads          75
# MinSpareThreads：最小空闲线程数；
MaxSpareThreads         250
# MaxSpareThreads：最大空闲线程数；
ThreadsPerChild          25
# ThreadsPerChild：每个子进程可生成的线程数；
MaxRequestWorkers       400
# MaxRequestsPerChild：每个子进程在生命周期内所能够服务的最多请求个数
MaxConnectionsPerChild    0
</IfModule>
```

4．httpd.conf配置文件介绍

httpd.conf是Apache的配置文件，Apache中的常见配置主要都是通过修改该文件来实现的，该文件更改后需要重启Apache服务使更改的配置生效。

1）与Apache网络和系统相关的选项代码如下:

```
ServerRoot "/usr/local/Apache"       #设置Apache安装目录
Listen 80                            #设置监听端口
User daemon                          #设置Apache进程的执行者
Group daemon                         #设置Apache进程执行者所属的用户组
ServerAdmin you@example.com          #设置网站管理员邮箱
ServerName localhost:80              #服务其主机与端口
```

2）与Apache文件和目录权限相关的选项代码如下:

```
<Directory />                                    #设置根目录权限
    AllowOverride none
    Require all denied
</Directory>
DocumentRoot "/usr/local/Apache/htdocs"          #设置网站根目录
<Directory "/usr/local/Apache/htdocs">           #设置/usr/local/Apache/htdocs目录权限
    Options Indexes FollowSymLinks
    AllowOverride None
    Require all granted
</Directory>
#最终匹配结果：二者都匹配或二者都无匹配项时，则以后者为准；否则，则以匹配到的为准
<IfModule dir_module>                            #设置index.html为首页
```

```
        DirectoryIndex index.html
</IfModule>
<Files ".ht*">                                          #以.ht*为扩展名的访问权限
        Require all denied
</Files>
```

3）与Apache日志相关的选项代码如下：

```
ErrorLog "logs/error_log"                               #设置错误日志位置
LogLevel warn                                           #设置错误日志级别
<IfModule log_config_module>                            #设置访问日志的格式模板
        LogFormat "%h %l %u %t \"%r\" %>s %b \"%{Referer}i\" \"%{User-Agent}i\"" combined
        LogFormat "%h %l %u %t \"%r\" %>s %b" common
        <IfModule logio_module>
          LogFormat "%h %l %u %t \"%r\" %>s %b \"%{Referer}i\" \"%{User-Agent}i\" %I %O" combinedio
        </IfModule>
        CustomLog "logs/access_log" common              #设置访问日志的位置和格式
</IfModule>
<IfModule alias_module>                                 #别名设置
        ScriptAlias /cgi-bin/ "/usr/local/Apache/cgi-bin/"
</IfModule>
<IfModule cgid_module>
</IfModule>
<Directory "/usr/local/Apache/cgi-bin">                 #设置/usr/local/Apache/cgi-bin目录权限
        AllowOverride None
        Options None
        Require all granted
</Directory>
<IfModule headers_module>
        RequestHeader unset Proxy early
</IfModule>
<IfModule mime_module>                                  #mime模块的相关配置
        TypesConfig /etc/httpd24/mime.types
        AddType application/x-compress .Z
        AddType application/x-gzip .gz .tgz
</IfModule>
<IfModule proxy_html_module>
Include /etc/httpd24/extra/proxy-html.conf
</IfModule>
<IfModule ssl_module>                                   #ssl模块的相关设置
  SSLRandomSeed startup builtin
  SSLRandomSeed connect builtin
</IfModule>
```

4）配置文件的修改。

用户可以直接通过图形界面中文件编辑器或者通过vi对配置文件进行修改，修改完成后必须重启Apache服务器才能使更改生效。代码如下：

```
#配置httpd.conf代码
vi /etc/httpd/conf/httpd.conf
#检验配置是否有语法错误
Apachectl configtest
```

5．Apache日志文件

（1）查找日志

Apache服务器运行后会生成两个日志文件，分别是access_log（访问日志）和error_log（错误日志），采用默认安装时，这些文件可以在/etc/httpd/logs/目录下找到。查找日志的相关代码如图4-16所示。

```
[root@192 log]# cd /etc/httpd/logs/
[root@192 logs]# ls
access_log   error_log
[root@192 logs]#
```

图4-16　查找日志的相关代码

（2）访问日志

Apache的访问日志是记录Web服务器的所有访问活动，一般一条日志由7部分组成，语法格式如下：

客户端地址 访问者的标识 访问者的验证名字 请求时间 请求类型 请求的HTTP代码 发送给客户端的字节数

其中：

客户端地址：表明访问网站的客户端IP地址。

访问者的标识：一般为空白，用'-'代替。

访问者的验证名字：用于记录访问者进行身份验证时提供的名字，一般也为空白。

请求时间：记录访问操作的发生时间。

请求类型：记录服务器收到的是一个什么类型请求。

请求的HTTP代码：该信息可判断请求是否成功。

发送给客户端的字节数：发送给客户端的总字节数。

使用cat命令可以查看访问日志，效果如图4-17所示。

```
[root@192 logs]# cat access_log
::1 - - [10/Aug/2020:01:51:06 -0400] "GET / HTTP/1.1" 403 4897 "-" "Mozilla/5.0
 (X11; Linux x86_64; rv:52.0) Gecko/20100101 Firefox/52.0"
::1 - - [10/Aug/2020:01:51:06 -0400] "GET /noindex/css/bootstrap.min.css HTTP/1.
1" 200 19341 "http://localhost/" "Mozilla/5.0 (X11; Linux x86_64; rv:52.0) Gecko
/20100101 Firefox/52.0"
::1 - - [10/Aug/2020:01:51:06 -0400] "GET /noindex/css/open-sans.css HTTP/1.1" 2
00 5081 "http://localhost/" "Mozilla/5.0 (X11; Linux x86_64; rv:52.0) Gecko/2010
0101 Firefox/52.0"
::1 - - [10/Aug/2020:01:51:06 -0400] "GET /images/apache_pb.gif HTTP/1.1" 200 23
26 "http://localhost/" "Mozilla/5.0 (X11; Linux x86_64; rv:52.0) Gecko/20100101
Firefox/52.0"
::1 - - [10/Aug/2020:01:51:06 -0400] "GET /images/poweredby.png HTTP/1.1" 200 39
56 "http://localhost/" "Mozilla/5.0 (X11; Linux x86_64; rv:52.0) Gecko/20100101
Firefox/52.0"
::1 - - [10/Aug/2020:01:51:06 -0400] "GET /noindex/css/fonts/Light/OpenSans-Ligh
t.woff HTTP/1.1" 404 241 "http://localhost/noindex/css/open-sans.css" "Mozilla/5
.0 (X11; Linux x86_64; rv:52.0) Gecko/20100101 Firefox/52.0"
::1 - - [10/Aug/2020:01:51:06 -0400] "GET /noindex/css/fonts/Bold/OpenSans-Bold.
woff HTTP/1.1" 404 239 "http://localhost/noindex/css/open-sans.css" "Mozilla/5.0
 (X11; Linux x86_64; rv:52.0) Gecko/20100101 Firefox/52.0"
::1 - - [10/Aug/2020:01:51:06 -0400] "GET /noindex/css/fonts/Light/OpenSans-Ligh
t.ttf HTTP/1.1" 404 240 "http://localhost/noindex/css/open-sans.css" "Mozilla/5.
0 (X11; Linux x86_64; rv:52.0) Gecko/20100101 Firefox/52.0"
```

图4-17　访问日志

除此之外，可以在httpd.conf中设置日志的格式，代码如下：

```
<IfModule log_config_module>
    LogFormat "%h %l %u %t \"%r\" %>s %b \"%{Referer}i\" \"%{User-Agent}i\"" combined
    LogFormat "%h %l %u %t \"%r\" %>s %b" common         #配置日志格式
    <IfModule logio_module>
      LogFormat "%h %l %u %t \"%r\" %>s %b \"%{Referer}i\" \"%{User-Agent}i\" %I %O" combinedio
    </IfModule>
    CustomLog "logs/access_log" common                   #访问日志的格式
</IfModule>
```

上述代码中，各字段代表的含义见表4-3。

表4-3　字段解释

字段	描述
%h	客户端地址
%l	远程登录名，通常为-
%u	认证时的远程用户名，没有认证时为-
%t	收到请求时的时间
%r	请求报文的起始行
%>s	响应状态码
%b	响应报文的长度，单位为字节
%{Header_Name}i	记录指定请求报文首部的内容（value）

（3）错误日志

错误日志是Apache提供的另一种标准日志，该日志文件记录了Apache服务器运行过程所发生的错误信息。httpd.conf配置文件提供了两个配置参数，具体如下：

```
ErrorLog "logs/error_log"      #错误日志文件
LogLevel warn                  #错误日志级别
```

错误日志级别有以下几种，见表4-4。

表4-4　错误日志级别

严重程度	等级	说明
1	emerg	系统不可用
2	alert	需要立即引起注意的情况
3	crit	危急情况
4	error	错误信息
5	warn	警告信息

使用cat查看错误日志，效果如图4-18所示。

```
[root@192 logs]# cat error_log
[Mon Aug 10 01:44:14.347793 2020] [core:notice] [pid 3378] SELinux policy enable
d; httpd running as context unconfined_u:unconfined_r:unconfined_t:s0-s0:c0.c102
3
[Mon Aug 10 01:44:14.348848 2020] [suexec:notice] [pid 3378] AH01232: suEXEC mec
hanism enabled (wrapper: /usr/sbin/suexec)
[Mon Aug 10 01:44:14.372089 2020] [lbmethod_heartbeat:notice] [pid 3379] AH02282
: No slotmem from mod_heartmonitor
[Mon Aug 10 01:44:14.389718 2020] [mpm_prefork:notice] [pid 3379] AH00163: Apach
e/2.4.6 (CentOS) configured -- resuming normal operations
[Mon Aug 10 01:44:14.389752 2020] [core:notice] [pid 3379] AH00094: Command line
: 'httpd'
[Mon Aug 10 01:46:34.733392 2020] [mpm_prefork:notice] [pid 3379] AH00169: caugh
t SIGTERM, shutting down
[Mon Aug 10 01:50:59.261413 2020] [core:notice] [pid 3771] SELinux policy enable
d; httpd running as context unconfined_u:unconfined_r:unconfined_t:s0-s0:c0.c102
3
[Mon Aug 10 01:50:59.263055 2020] [suexec:notice] [pid 3771] AH01232: suEXEC mec
hanism enabled (wrapper: /usr/sbin/suexec)
[Mon Aug 10 01:50:59.289791 2020] [lbmethod_heartbeat:notice] [pid 3772] AH02282
: No slotmem from mod_heartmonitor
[Mon Aug 10 01:50:59.308166 2020] [mpm_prefork:notice] [pid 3772] AH00163: Apach
e/2.4.6 (CentOS) configured -- resuming normal operations
```

图4-18　使用cat查看错误日志

任务3 Linux下Apache日志分析与查看

本任务将操作httpd.conf文件进行日志的分割，分割完成后查看和采集日志。除此之外还将通过一系列的日志操作进行日志的配置和过滤筛选。本任务的思路如下：

（1）完成环境的启动和日志的配置

（2）配置日志的分割

（3）进行日志的相关操作，实现日志的配置和过滤

扫码看视频

第一步：安装httpd服务，代码如下：

```
yum install httpd -y
```

效果如图4-19所示。

```
(2/2): httpd-2.4.6-97.el7.centos.x86_64.rpm          | 2.7 MB  00:05
                                                     -------------------
Total                                        498 kB/s | 2.8 MB  00:05
Running transaction check
Running transaction test
Transaction test succeeded
Running transaction
  Updating   : httpd-tools-2.4.6-97.el7.centos.x86_64                1/4
  Updating   : httpd-2.4.6-97.el7.centos.x86_64                      2/4
  Cleanup    : httpd-2.4.6-93.el7.centos.x86_64                      3/4
  Cleanup    : httpd-tools-2.4.6-93.el7.centos.x86_64                4/4
  Verifying  : httpd-2.4.6-97.el7.centos.x86_64                      1/4
  Verifying  : httpd-tools-2.4.6-97.el7.centos.x86_64                2/4
  Verifying  : httpd-tools-2.4.6-93.el7.centos.x86_64                3/4
  Verifying  : httpd-2.4.6-93.el7.centos.x86_64                      4/4

Updated:
  httpd.x86_64 0:2.4.6-97.el7.centos

Dependency Updated:
  httpd-tools.x86_64 0:2.4.6-97.el7.centos

Complete!
[root@192 master]#
```

图4-19　安装httpd服务

第二步：安装完毕后可以查看日志文件存放目录"/var/log/httpd/"。查看目录，代码如下：

```
ls /var/log/httpd/
```

此时的运行结果如图4-20所示。

```
[root@192 master]# ls /var/log/httpd/
access_log              access_log-20200923     error_log-20200819
access_log-20200819     error_log               error_log-20200923
[root@192 master]#
```

图4-20　查看日志文件存放目录

第三步：关闭防火墙和安全功能，代码如下：

```
[root@localhost ~]# systemctl stop firewalld.service    //关闭防火墙
[root@localhost ~]# setenforce 0                        //关闭增强性安全功能
```

执行上面代码的效果如图4-21所示。

```
[root@192 master]# systemctl stop firewalld.service
[root@192 master]# setenforce 0
```

图4-21　关闭防火墙

第四步：查看此时计算机处于网络中的IP地址，使用"ipconfig"命令在窗口就可以查看。查询到的结果如图4-22所示。

```
[root@192 master]# ifconfig
ens33: flags=4163<UP,BROADCAST,RUNNING,MULTICAST>  mtu 1500
        inet 192.168.168.132  netmask 255.255.255.0  broadcast 192.168.168.255
        inet6 fe80::638f:ea83:b789:31df  prefixlen 64  scopeid 0x20<link>
        ether 00:0c:29:8b:68:d3  txqueuelen 1000  (Ethernet)
        RX packets 13013  bytes 16878881 (16.0 MiB)
        RX errors 0  dropped 0  overruns 0  frame 0
        TX packets 1590  bytes 108857 (106.3 KiB)
        TX errors 0  dropped 0 overruns 0  carrier 0  collisions 0

lo: flags=73<UP,LOOPBACK,RUNNING>  mtu 65536
        inet 127.0.0.1  netmask 255.0.0.0
        inet6 ::1  prefixlen 128  scopeid 0x10<host>
        loop  txqueuelen 1000  (Local Loopback)
        RX packets 0  bytes 0 (0.0 B)
        RX errors 0  dropped 0  overruns 0  frame 0
        TX packets 0  bytes 0 (0.0 B)
        TX errors 0  dropped 0 overruns 0  carrier 0  collisions 0
```

图4-22　查询本机的IP地址

第五步：使用vim /etc/httpd/conf/httpd.conf命令修改配置文件，分为4个小步骤去修改配置文件，首先开启IPv4，接着设置域名，然后配置错误日志和访问日志。具体操作如下：

1）开启IPv4监听，注释IPv6监听，效果如图4-23所示。

```
# Change this to Listen on specific IP addresses as shown below to
# prevent Apache from glomming onto all bound IP addresses.
#
Listen 192.168.168.132:80
#Listen 80


#
# Dynamic Shared Object (DSO) Support
#
# To be able to use the functionality of a module which was built as a DSO you
# have to place corresponding `LoadModule' lines at this location so the
# directives contained in it are actually available _before_ they are used.
# Statically compiled modules (those listed by `httpd -l') do not need
# be loaded here.
-- INSERT --                                                      42,23         8%
```

图4-23　开启IPv4监听

2）设置域名，效果如图4-24所示。

```
ServerAdmin root@localhost

#
# ServerName gives the name and port that the server uses to identify itself.
# This can often be determined automatically, but we recommend you specify
# it explicitly to prevent problems during startup.
#
# If your host doesn't have a registered DNS name, enter its IP address here.
#
ServerName www.abc.com:80
```

图4-24　设置域名

3）配置错误日志，效果如图4-25所示。

```
#
# ErrorLog: The location of the error log file.
# If you do not specify an ErrorLog directive within a <VirtualHost>
# container, error messages relating to that virtual host will be
# logged here.  If you *do* define an error logfile for a <VirtualHost>
# container, that host's errors will be logged there and not here.
#
#ErrorLog "logs/error_log"
ErrorLog "|/usr/sbin/rotatelogs -l logs/www.abc.com.error_%Y%m%dlog 86400"

#
# LogLevel: Control the number of messages logged to the error_log.
# Possible values include: debug, info, notice, warn, error, crit,
# alert, emerg.
```

图4-25　配置错误日志

4）配置访问日志，如图4-26所示。

```
#
# The location and format of the access logfile (Common Logfile Format).
# If you do not define any access logfiles within a <VirtualHost>
# container, they will be logged here.  Contrariwise, if you *do*
# define per-<VirtualHost> access logfiles, transactions will be
# logged therein and *not* in this file.
#
#CustomLog "logs/access_log" common
CustomLog "| /usr/sbin/rotatelogs -l logs/www.abc.com.access_%Y%m%dlog 86400
" combined
```

图4-26　配置访问日志

第六步：使用systemctl restart httpd重启服务，如图4-27所示。

```
[root@192 master]# vim /etc/httpd/conf/httpd.conf
[root@192 master]# systemctl restart httpd
```

图4-27　重启服务

打开浏览器，输入192.168.168.132能够正常访问Apache站点，效果如图4-28所示。

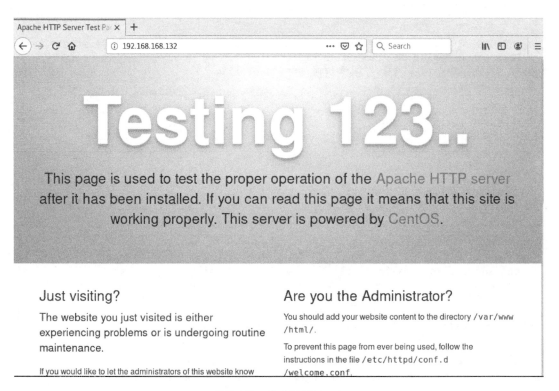

图4-28　成功运行httpd

第七步：切换至/var/log/httpd目录下，输入ls命令查看日志文件，效果如图4-29所示，此时只有错误日志，没有访问日志。

```
[root@192 master]# cd /var/log/httpd
[root@192 httpd]# ls
access_log                error_log                www.abc.com.error_20201228log
access_log-20200819       error_log-20200819
access_log-20200923       error_log-20200923
[root@192 httpd]#
```

图4-29　查看日志文件输出

第八步：使用浏览器再次访问192.168.168.132，此时查看日志文件，效果如图4-30所示。

```
[root@192 httpd]# ls
access_log                error_log                www.abc.com.access_20201228log
access_log-20200819       error_log-20200819       www.abc.com.error_20201228log
access_log-20200923       error_log-20200923
[root@192 httpd]#
```

图4-30　查看日志文件输出

第九步：Apache日志相关操作。本步骤将对第八步输出的日志进行操作。

1）在Apache日志中找出访问次数最多的10个IP，代码如下：

awk '{print $1}' access_log |sort |uniq –c|sort –nr|head –n 10

运行效果如图4-31所示。

```
[root@192 httpd]# awk '{print $1}' access_log|sort|uniq -c|sort -nr|head -n 10
     37 192.168.168.132
     10 192.168.168.1
[root@192 httpd]#
```

图4-31　查询访问次数最多的10个IP

2）在Apache日志中找出访问次数最多的时间是哪几个时刻。

awk '{print $4}' access_log |cut –c 14–18|sort|uniq –c|sort –nr|head

运行效果如图4-32所示。

```
[root@192 httpd]# awk '{print $4}' access_log|cut -c 14-18|sort|uniq -c|sort -nr|head
     27 21:59
     10 21:57
     10 21:54
```

图4-32　查询结果

3）查看Apache进程。

ps aux | grep httpd | grep –v grep | wc –l

运行效果如图4-33所示。

```
[root@192 httpd]# ps aux |grep httpd|grep -v grep|wc -l
9
[root@192 httpd]#
```

图4-33　查看进程

查看80端口的TCP连接。

netstat –tan | grep "ESTABLISHED" | grep ":80" | wc –l

连接端口如图4-34所示。

```
[root@192 httpd]# netstat -tan |grep "ESTABLISHED"|grep ":80"|wc -l
0
```

图4-34　连接端口

通过日志查看当天的IP连接数，并且过滤掉已经统计过的数据。

cat www.abc.com.access_20201228log |grep "28/Dec/2020"|awk '{print $2}'|sort|uniq –c|sort –nr

输出结果如图4-35所示。

```
[root@192 httpd]# cat www.abc.com.access_20201228log |grep "28/Dec/2020"|awk '{print $2}'|sort|uniq -c|sort -nr
     27 -
```

图4-35　查看IP连接数

4）查询当天IP连接数最高的IP都访问过什么。

cat www.abc.com.access_20201228log |grep "28/Dec/2020"|grep "192.168.168.132"|awk '{print $8}'|sort|uniq –c|sort –nr|head –n 10

查询结果如图4-36所示。

```
[root@192 httpd]# cat www.abc.com.access_20201228log |grep "28/Dec/2020"|grep "192.168.168.132"|awk '{print $8}'|sort|uniq -c|sort -nr|head -n 10
     27 HTTP/1.1"
```

图4-36　IP行径

5）查询当天访问数量排名前10的URL。

cat access_log | grep "19/May/2010:00" | awk '{print $8}' | sort | uniq –c | sort –nr | head –n 10

输出结果如图4-37所示。

```
[root@192 httpd]# cat www.abc.com.access_20201228log |grep "28/Dec/2020"|awk '{print $8}'|sort|uniq -c|sort -nr|head -n 10
     27 HTTP/1.1"
```

图4-37　查询访问数量前10的URL

6）查看最近访问量最高的文件。

```
cat access_log|tail –10000|awk '{print $7}'|sort|uniq –c|sort –nr|less
```

输入命令后，打开文本显示框，效果如图4-38所示。

```
[root@192 httpd]# cat access_log|tail -10000|awk '{print $7}'|sort|uniq -c|sort
-nr|less

      5 /noindex/css/open-sans.css
      5 /noindex/css/fonts/Light/OpenSans-Light.woff
      5 /noindex/css/fonts/Light/OpenSans-Light.ttf
      5 /noindex/css/fonts/Bold/OpenSans-Bold.woff
      5 /noindex/css/fonts/Bold/OpenSans-Bold.ttf
      5 /noindex/css/bootstrap.min.css
      5 /images/poweredby.png
      5 /images/apache_pb.gif
      5 /
      2 /favicon.ico
(END)
```

图4-38　查询访问次数最多的结果

7）查看日志中访问超过100次的页面。

```
cat access_log | cut –d ' ' –f 7 | sort |uniq –c | awk '{if ($1 > 100) print $0}' | less
```

因系统中没有超过100次的页面，所以显示文件为空，效果如图4-39所示。

```
[root@192 httpd]# cat access_log|cut -d ' ' -f 7|sort|uniq -c|awk '{if($1>100)pri
nt $0}'|less
```

图4-39　查询访问超过100次的页面

1. Web日志简介

（1）Web日志中不同项的作用

根据Web日志的组成，下面介绍各部分在网站数据统计和分析中的作用。

- IP

在记录cookie的情况下一般作为识别唯一用户的标准，标识符和授权用户通常为空，日期时间是一个必备信息，用于标识日志生成的时间戳。

- 请求（request）

请求较少用于统计，只有少数的统计表单在提交情况时会被用到，而版本号对统计来说基本是无用的。

- 状态码（status）

状态码被用于一些请求响应状态的监控，比如301页面重定向或者404错误，200则表示请求成功。统计这些信息的好处是可以有效改进页面的设计，提高用户体验。

- 传输字节数（bytes）

传输字节数用得比较少，它可以判断页面是否被完全打开，文件是否已被读取，操作是否被中断。但在动态页面无法判断，因为页面被动态加载，浏览器无法计算。

- 来源页面（referrer）

来源页面的作用一般是统计访问的来源类型、搜索引擎、搜索关键字等，同时也是点击流中串连用户访问足迹的依据。

- 用户代理（agent）

主要作用是识别网络爬虫，统计用户的系统、浏览器类型、版本等信息，为网站开发提供建议，分析各类浏览器的使用情况和出错概率等。

- session和cookie

关于session和cookie的统计比较常见，session被用于标识一个连续的访问，用户统计visits这个度量；而cookie主要用于用户识别，也是统计Unique Visitor的依据。除此之外就是服务器的日志，能够记录服务器的提示、警告及错误信息，这类日志可以被用于分析用户的错误。

（2）获取的日志不准确的原因

Web日志在技术层面的获取方式及各类外部因素的影响使基于网站日志的数据分析会存在许多的不准确和不确定性。以下是对几种常见原因的解释。

- 客户端的控制和限制

由于浏览网站的用户信息都是由客户端发送的，所以用户的IP、Agent都是可以人为设置的。另外cookie可以被清理，浏览器出于安全的设置，用户可以在访问过程中限制cookie、referrer的发送。这些都会导致用户访问数据的丢失或者数据不准确，而这类问题目前很难得到解决。

- 缓存

浏览器缓存、服务器缓存、后退按钮操作等都会导致页面单击日志的丢失及referrer的丢失，目前主要的处理方法是保持页面信息不断更新，可以在页面中添加随机数。

- 跳转

一些跳转导致referrer信息丢失，使用户的访问足迹中断而无法跟踪。

- 代理IP、动态IP、局域网（家庭）公用IP

其实IP的准确性并不高，现在不只存在伪IP，还存在局域网共享同一公网IP、代理的使用及动态IP分配方式，因此IP地址并不一定与某个用户绑定，所以如果有更好的方法，尽量不要使用IP来识别用户。

- session的定义与多cookie

不同的网站对session的定义和获取方法可能存在差异，比如非活动状态session的失效时间、多进程同时浏览时session id的共享等，所以同一个网站中session的定义标准必须统一才能保证统计数据准确。cookie的不准确一方面是由于某些情况下无法获取，另一方面是由于一个客户端可以有多个cookie，如Chrome、Firefox等浏览器的cookie存放路径都会与IE的cookie存放路径分开，所以如果用户使用不同的浏览器浏览同一网站，很有可能cookie是不同的。

- 停留时间

停留时间并不是直接获取的，而是通过底层日志中的数据计算得到的，因为所有日志中的时间都是时刻的概念，即单击的时间点。通过两次单击之间得到的时间间隔来计算停留时间。

2. Apache访问日志格式

（1）日志文件的格式详解

access_log中记录的是访问Web服务器所产生的日志信息，它的一般形式都是"主机地址"+"访问时间"+"请求方式"+"状态码"的形式，如图4-40所示。

`192.168.115.5` - - `[01/Apr/2018:10:37:19 +0800]` `"GET` `HTTP/1.1"` `200 45`

图4-40 access_log的形式

各项的具体解释如下：

1）远程主机IP：表明访问网站的是谁。

2）空白（E-mail）：为了避免用户的邮箱被垃圾邮件骚扰，第二项就用"-"取代。

3）空白（登录名）：用于记录浏览者进行身份验证时提供的名字。

4）请求时间：用方括号包围，而且采用"公用日志格式"或者"标准英文格式"。时间信息最后的"+0800"表示服务器所处时区位于UTC之后的8小时。

5）方法+资源+协议：服务器收到的是一个什么样的请求。

请求方法：GET、POST、HEAD……。

资源：/、index.html、/default/index.php……（请求的文件）。

协议版本：HTTP+版本号。

6）状态代码：请求是否成功或者遇到了什么样的错误。大多数时候值是200，表示服务器已经成功地响应浏览器的请求，一切正常。

7）发送字节数：发送给客户端的总字节数，可以表示传输是否被打断（该数值是否和文件的大小相同）。

（2）配置Apache访问日志格式命令及参数

当配置Apache访问日志的输出格式时，主要有两个参数可以用来调配，一个是LogFormat指令，另一个是CustomLog指令。其中LogFormat是用来定义格式并为格式指定一个名字，在使用日志时可以直接引用这个名字；而CustomLog指令可以设置日志文件，并指明日志文件所用的格式（通常通过格式的名字）。它们在httpd.conf文件中的位置如图4-41所示。

```
<IfModule log_config_module>
    #
    # The following directives define some format nicknames for use with
    # a CustomLog directive (see below).
    #
    LogFormat "%h %l %u %t \"%r\" %>s %b \"%{Referer}i\" \"%{User-Agent}i\"" combined
    LogFormat "%h %l %u %t \"%r\" %>s %b" common          LogFormat

    <IfModule logio_module>
      # You need to enable mod_logio.c to use %I and %O
      LogFormat "%h %l %u %t \"%r\" %>s %b \"%{Referer}i\" \"%{User-Agent}i\" %I %O" combinedio
    </IfModule>

    #
    # The location and format of the access logfile (Common Logfile Format).
    # If you do not define any access logfiles within a <VirtualHost>
    # container, they will be logged here.  Contrariwise, if you *do*
    # define per-<VirtualHost> access logfiles, transactions will be
    # logged therein and *not* in this file.
    #
    CustomLog "logs/access_log" common          CustomLog

    #
    # If you prefer a logfile with access, agent, and referer information
    # (Combined Logfile Format) you can use the following directive.
    #
    #CustomLog "logs/access_log" combined
</IfModule>
```

图4-41　LogFormat和CustomLog的位置

（3）两种不同的日志格式分类

Apache中日志记录格式主要有两种，普通型（common）和复合型（combined），安装时默认使用普通型（common）。在httpd.conf配置中的位置如图4-42所示。

```
<IfModule log_config_module>
    #
    # The following directives define some format nicknames for use with
    # a CustomLog directive (see below).
    #
    LogFormat "%h %l %u %t \"%r\" %>s %b \"%{Referer}i\" \"%{User-Agent}i\"" combined
    LogFormat "%h %l %u %t \"%r\" %>s %b" common

    <IfModule logio_module>
      # You need to enable mod_logio.c to use %I and %O
      LogFormat "%h %l %u %t \"%r\" %>s %b \"%{Referer}i\" \"%{User-Agent}i\" %I %O" combinedio
    </IfModule>

    #
    # The location and format of the access logfile (Common Logfile Format).
    # If you do not define any access logfiles within a <VirtualHost>
    # container, they will be logged here.  Contrariwise, if you *do*
    # define per-<VirtualHost> access logfiles, transactions will be
    # logged therein and *not* in this file.
    #
    CustomLog "logs/access_log" common

    #
    # If you prefer a logfile with access, agent, and referer information
    # (Combined Logfile Format) you can use the following directive.
    #
    #CustomLog "logs/access_log" combined
</IfModule>

<IfModule alias_module>
```

图4-42　common和combined 在httpd.conf中的位置

当CustomLog“logs/access. log”后面跟着common时，生成的日志如图4-43所示。

```
access - 记事本
文件(F) 编辑(E) 格式(O) 查看(V) 帮助(H)
127.0.0.1 - - [22/Aug/2019:14:59:16 +0800] "GET / HTTP/1.1" 200 669
127.0.0.1 - - [22/Aug/2019:14:59:16 +0800] "GET / HTTP/1.1" 200 669
127.0.0.1 - - [22/Aug/2019:14:59:17 +0800] "GET /favicon.ico HTTP/1.1" 404 209
127.0.0.1 - - [22/Aug/2019:14:59:24 +0800] "GET /admin/ HTTP/1.1" 302 14914
127.0.0.1 - - [22/Aug/2019:14:59:27 +0800] "POST /admin/login.php HTTP/1.1" 200 94
127.0.0.1 - - [22/Aug/2019:14:59:36 +0800] "POST /admin/login.php HTTP/1.1" 302 3
127.0.0.1 - - [22/Aug/2019:14:59:36 +0800] "GET /admin/index.php HTTP/1.1" 200 14914
127.0.0.1 - - [22/Aug/2019:14:59:36 +0800] "GET /admin/assets/js/theme.js HTTP/1.1" 200 656
127.0.0.1 - - [22/Aug/2019:14:59:36 +0800] "GET /admin/assets/css/amazeui.min.css HTTP/1.1" 200 255206
127.0.0.1 - - [22/Aug/2019:14:59:36 +0800] "GET /admin/assets/js/jquery.min.js HTTP/1.1" 200 83606
127.0.0.1 - - [22/Aug/2019:14:59:36 +0800] "GET /admin/assets/css/amazeui.datatables.min.css HTTP/1.1" 200 9172
127.0.0.1 - - [22/Aug/2019:14:59:36 +0800] "GET /admin/assets/css/app.css HTTP/1.1" 200 48457
127.0.0.1 - - [22/Aug/2019:14:59:36 +0800] "GET /admin/assets/img/user03.jpg HTTP/1.1" 200 686
127.0.0.1 - - [22/Aug/2019:14:59:36 +0800] "GET /admin/assets/js/amazeui.datatables.min.js HTTP/1.1" 200 87188
127.0.0.1 - - [22/Aug/2019:14:59:36 +0800] "GET /admin/assets/img/logo.png HTTP/1.1" 200 59880
127.0.0.1 - - [22/Aug/2019:14:59:36 +0800] "GET /admin/assets/js/amazeui.min.js HTTP/1.1" 200 210967
127.0.0.1 - - [22/Aug/2019:14:59:36 +0800] "GET /admin/assets/js/dataTables.responsive.min.js HTTP/1.1" 200 11073
127.0.0.1 - - [22/Aug/2019:14:59:37 +0800] "GET /admin/assets/fonts/fontawesome-webfont.woff2?v=4.6.3 HTTP/1.1" 200
127.0.0.1 - - [22/Aug/2019:14:59:37 +0800] "GET /admin/ports.php HTTP/1.1" 200 13575
127.0.0.1 - - [22/Aug/2019:14:59:37 +0800] "GET /admin/assets/js/app.js HTTP/1.1" 200 11185
127.0.0.1 - - [22/Aug/2019:14:59:45 +0800] "GET /admin/index.php HTTP/1.1" 200 14914
127.0.0.1 - - [22/Aug/2019:14:59:47 +0800] "GET /spider_all/start.php?id=sqsqs HTTP/1.1" 200 263
127.0.0.1 - - [22/Aug/2019:14:59:48 +0800] "GET /admin/index.php HTTP/1.1" 200 14881
127.0.0.1 - - [22/Aug/2019:14:59:50 +0800] "GET /spider_all/start.php?id=sqsq HTTP/1.1" 200 255
127.0.0.1 - - [22/Aug/2019:14:59:50 +0800] "GET /admin/index.php HTTP/1.1" 200 14879
127.0.0.1 - - [22/Aug/2019:14:59:52 +0800] "GET /admin/danger_path.php HTTP/1.1" 200 11540
127.0.0.1 - - [22/Aug/2019:14:59:58 +0800] "GET /admin/illegal.php HTTP/1.1" 200 11744
```

图4-43　common模式生成的日志

当CustomLog“logs/access. log”后面跟着combined时，生成的日志如图4-44所示。

```
127.0.0.1 - - [22/Aug/2019:15:02:54 +0800] "GET /admin/login.html HTTP/1.1" 304 - "http://127.0.0.1/admin/link.php"
"Mozilla/5.0 (Windows NT 10.0; Win64; x64) AppleWebKit/537.36 (KHTML, like Gecko) Chrome/74.0.3729.169 Safari/537.36"
127.0.0.1 - - [22/Aug/2019:15:02:54 +0800] "GET /admin/assets/i/favicon.png HTTP/1.1" 200 12264
"http://127.0.0.1/admin/login.html" "Mozilla/5.0 (Windows NT 10.0; Win64; x64) AppleWebKit/537.36 (KHTML, like Gecko)
Chrome/74.0.3729.169 Safari/537.36"
127.0.0.1 - - [22/Aug/2019:15:03:00 +0800] "POST /admin/login.php HTTP/1.1" 200 94 "http://127.0.0.1/admin/login.html"
"Mozilla/5.0 (Windows NT 10.0; Win64; x64) AppleWebKit/537.36 (KHTML, like Gecko) Chrome/74.0.3729.169 Safari/537.36"
127.0.0.1 - - [22/Aug/2019:15:03:07 +0800] "POST /admin/login.php HTTP/1.1" 302 3 "http://127.0.0.1/admin/login.html"
"Mozilla/5.0 (Windows NT 10.0; Win64; x64) AppleWebKit/537.36 (KHTML, like Gecko) Chrome/74.0.3729.169 Safari/537.36"
127.0.0.1 - - [22/Aug/2019:15:03:07 +0800] "GET /admin/index.php HTTP/1.1" 200 14879 "http://127.0.0.1/admin/login.html"
"Mozilla/5.0 (Windows NT 10.0; Win64; x64) AppleWebKit/537.36 (KHTML, like Gecko) Chrome/74.0.3729.169 Safari/537.36"
127.0.0.1 - - [22/Aug/2019:15:03:09 +0800] "GET /admin/danger_path.php HTTP/1.1" 200 11540
"http://127.0.0.1/admin/index.php" "Mozilla/5.0 (Windows NT 10.0; Win64; x64) AppleWebKit/537.36 (KHTML, like Gecko)
Chrome/74.0.3729.169 Safari/537.36"
127.0.0.1 - - [22/Aug/2019:15:03:09 +0800] "GET /admin/danger_path.php HTTP/1.1" 200 11540
"http://127.0.0.1/admin/danger_path.php" "Mozilla/5.0 (Windows NT 10.0; Win64; x64) AppleWebKit/537.36 (KHTML, like
Gecko) Chrome/74.0.3729.169 Safari/537.36"
127.0.0.1 - - [22/Aug/2019:15:03:09 +0800] "GET /admin/index.php HTTP/1.1" 200 14879
"http://127.0.0.1/admin/danger_path.php" "Mozilla/5.0 (Windows NT 10.0; Win64; x64) AppleWebKit/537.36 (KHTML, like
Gecko) Chrome/74.0.3729.169 Safari/537.36"
```

图4-44　combined模式生成的日志

任务4　Windows下Apache容器数据采集

任务描述

本任务通过在Windows环境中下载和安装运行Apache服务器，了解Apache在Windows系统中的日志目录和文件结构。接着使用Logstash和Filebeat将日志信息采集，并且在Logstash输出时将结果输出到MySQL中。本任务的思路如下：

（1）在Windows环境中下载和安装运行Apache服务器

（2）熟悉Apache在Windows系统中的日志目录和文件结构

（3）使用Fliebeat采集数据并将数据输出到Logstash

（4）使用Logstash将接收到的数据过滤处理

（5）将数据输出到MySQL数据库

扫码看视频

任务步骤

第一步：下载Apache。在Apache官网上选择"File For Microsoft Windows"，进入后选择"Apache Haus"下载。选择其中一个版本，如果Windows操作系统中还没安装对应的VC环境，则选择对应的VC Redistribute版本下载安装，如图4-45所示。

项目4 Apache容器数据采集

图4-45　下载Windows版Apache

解压下载好的文件夹，如图4-46所示。

名称	修改日期	类型	大小
bin	2020/7/8 11:32	文件夹	
cgi-bin	2020/7/8 11:32	文件夹	
conf	2020/7/8 11:32	文件夹	
error	2020/7/8 11:32	文件夹	
htdocs	2020/7/8 11:32	文件夹	
icons	2020/7/8 11:32	文件夹	
include	2020/7/8 11:32	文件夹	
lib	2020/7/8 11:32	文件夹	
logs	2020/7/8 13:40	文件夹	
modules	2020/7/8 11:32	文件夹	
ABOUT_APACHE.txt	2020/2/21 8:33	文本文档	14 KB
CHANGES.txt	2020/3/24 1:54	文本文档	287 KB
INSTALL.txt	2016/5/18 1:59	文本文档	4 KB
LICENSE.txt	2020/4/22 5:10	文本文档	38 KB
Licenses.txt	2020/4/22 4:55	文本文档	21 KB
NOTICE.txt	2020/4/22 5:10	文本文档	3 KB
OPENSSL-NEWS.txt	2020/4/22 5:10	文本文档	43 KB
OPENSSL-README.txt	2020/4/22 5:10	文本文档	5 KB
README.txt	2014/1/24 0:33	文本文档	5 KB

图4-46　Apache 的文件目录

第二步：配置Apache。进入conf目录配置httpd.conf文件。

1）设置ServerRoot：找到ServerRoot选项，设置Apache目录，将其改成Apache程序的文件夹。

```
Define SRVROOT "E:/get_data/Apache24"
ServerRoot "${SRVROOT}"
```

2）设置端口：找到Listen选项，设置端口，将默认的80端口修改为8001端口，在开启服务器前请保证8001端口未被占用。效果如图4-47所示。

```
# Uncomment and change the directory if mutexes are file-based and the default
# mutex file directory is not on a local disk or is not appropriate for some
# other reason.
#
# Mutex default:logs

#
# Listen: Allows you to bind Apache to specific IP addresses and/or
# ports, instead of the default. See also the <VirtualHost>
# directive.
#
# Change this to Listen on specific IP addresses as shown below to
# prevent Apache from glomming onto all bound IP addresses.
#
#Listen 12.34.56.78:80
Listen 8001

#
# Dynamic Shared Object (DSO) Support
#
# To be able to use the functionality of a module which was built as a DSO you
# have to place corresponding `LoadModule' lines at this location so the
# directives contained in it are actually available _before_ they are used.
# Statically compiled modules (those listed by `httpd -l') do not need
# to be loaded here.
#
# Example:
```

图4-47　设置端口

3）设置服务器根目录：找到DocumentRoot选项，修改服务器根目录。请保证此目录存在，否则服务器无法正常启动。

```
DocumentRoot "${SRVROOT}/htdocs"
```

4）修改Directory：保证其与服务器根目录相同，只修改下面第一行中的引号部分。

```
<Directory "${SRVROOT}/htdocs">
    Options Indexes FollowSymLinks
    AllowOverride None
    Order allow,deny
    Allow from all
</Directory>
```

5）设置服务器脚本文件：找到ScriptAlias选项，设置服务器脚本目录，一般将其设置为Apache目录下的cgi-bin文件夹。

```
ScriptAlias /cgi-bin/ "${SRVROOT}/cgi-bin/"
```

找到Directory选项，设置脚本目录，将其设置为和前面的ScriptAlias目录相同。

```
<Directory "${SRVROOT}/cgi-bin">
    AllowOverride None
    Options None
    Require all granted
</Directory>
```

第三步：安装Apache服务，使用管理员身份运行cmd，进入\Apache\bin目录，输入：

```
httpd -k install
```

效果如图4-48所示。

```
PS E:\get_data\Apache24\bin> httpd -k install
Installing the 'Apache2.4' service
The 'Apache2.4' service is successfully installed.
```

图4-48 安装Apache服务

接着启动Apache服务并输入如下命令：

```
httpd -k start
```

启动该服务后访问http://localhost:8001/ 可产生访问日志（8001端口如果启动失败，则可能存在端口冲突，在httpd.conf文件中更换端口即可）。

第四步：打开Filebeat官网，如图4-49所示。单击"WINDOWS ZIP 64-BIT"进行下载。

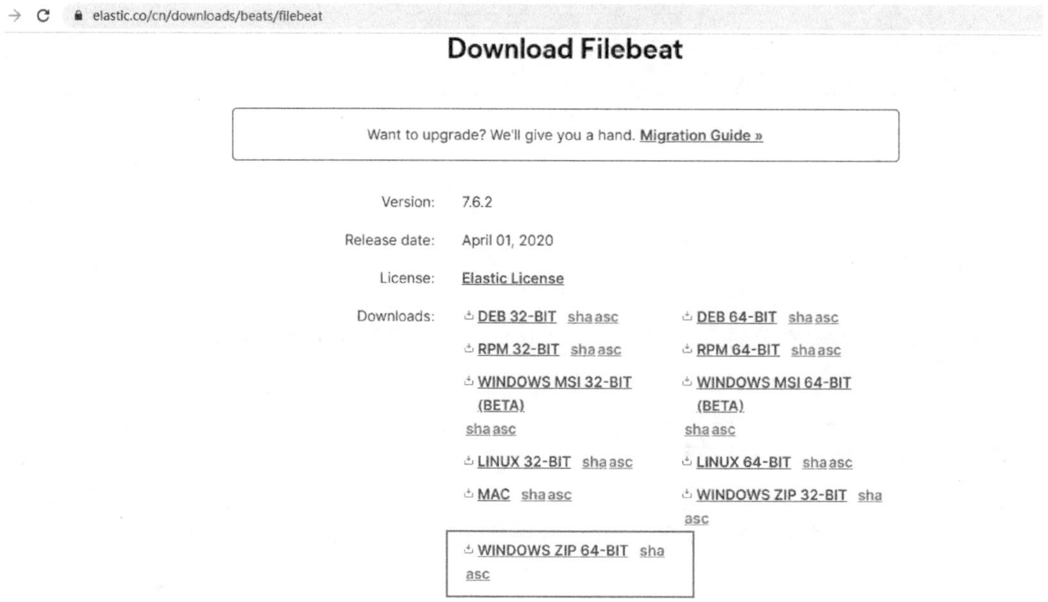

图4-49 Filebeat官网

解压下载的文件，效果如图4-50所示。

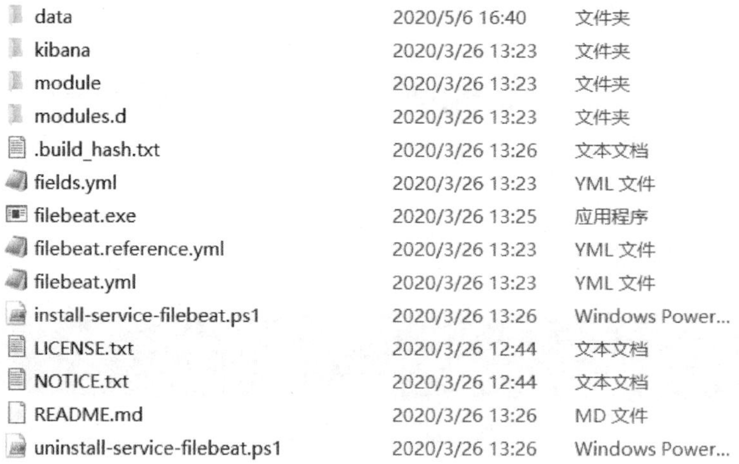

data	2020/5/6 16:40	文件夹
kibana	2020/3/26 13:23	文件夹
module	2020/3/26 13:23	文件夹
modules.d	2020/3/26 13:23	文件夹
.build_hash.txt	2020/3/26 13:26	文本文档
fields.yml	2020/3/26 13:23	YML 文件
filebeat.exe	2020/3/26 13:25	应用程序
filebeat.reference.yml	2020/3/26 13:23	YML 文件
filebeat.yml	2020/3/26 13:23	YML 文件
install-service-filebeat.ps1	2020/3/26 13:26	Windows Power...
LICENSE.txt	2020/3/26 12:44	文本文档
NOTICE.txt	2020/3/26 12:44	文本文档
README.md	2020/3/26 13:26	MD 文件
uninstall-service-filebeat.ps1	2020/3/26 13:26	Windows Power...

图4-50 Filebeat目录

第五步：打开Filebeat.yml，对日志采集输入进行配置。设置paths路径为Apache文件下logs文件夹内所有log文件，如图4-51所示。

其中，

type：log类型是日志，该配置可重复使用，表示多个输入，下面的属性都放在该配置之下。

enabled：true表示开启该功能。

paths：用“路径/*.log”配置日志文件的输入路径。如果“-”后面没有空格，就是相对路径,如果有空格,就是绝对路径。

配置其输出为Logstash,如图4-52所示。

```
#=========================== Filebeat inputs =============================

filebeat.inputs:

# Each - is an input. Most options can be set at the input level, so
# you can use different inputs for various configurations.
# Below are the input specific configurations.

- type: log

  # Change to true to enable this input configuration.
  enabled: true

  # Paths that should be crawled and fetched. Glob based paths.
  paths:
    #- /var/log/*.log
    #- c:\programdata\elasticsearch\logs\*
    - E:/get_data/Apache24/logs/*.log

  # Exclude lines. A list of regular expressions to match. It drops the lines that are
  # matching any regular expression from the list.
  #exclude_lines: ['^DBG']
```

图4-51 Filebeat配置文件

```
#---------------------------- Elasticsearch output ----------------------------
#output.elasticsearch:
  # Array of hosts to connect to.        添加注释
  #hosts: ["localhost:9200"]

  # Protocol - either `http` (default) or `https`.
  #protocol: "https"

  # Authentication credentials - either API key or username/password.
  #api_key: "id:api_key"
  #username: "elastic"
  #password: "changeme"

#---------------------------- Logstash output ----------------------------
output.logstash:
  # The Logstash hosts                    取消注释
  hosts: ["localhost:5044"]

  # Optional SSL. By default is off.
  # List of root certificates for HTTPS server verifications
  #ssl.certificate_authorities: ["/etc/pki/root/ca.pem"]

  # Certificate for SSL client authentication
  #ssl.certificate: "/etc/pki/client/cert.pem"

  # Client Certificate Key
```

图4-52 修改输出为Logstash

第六步：在Filebeat目录下新建一个run.bat，在run.bat里输入如下代码：

.\filebeat –e –c filebeat.yml

启动Filebeat，效果如图4-53所示。

图4-53 启动Filebeat

第七步：下载Windows版本的Logstash，如图4-54所示。

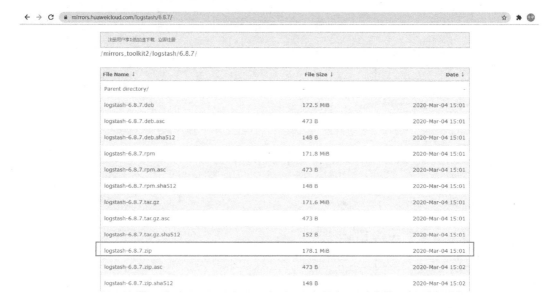

图4-54 下载Logstash

第八步：配置Logstash。打开\Logstash-7.6.2\config创建Logstash-test.conf文件，内容如下：

```
input {
  beats{
```

```
        port=>5044
    }
}
filter{
        grok{
                match => {"message" => "\ –\ –\ \[%{HTTPDATE:timestamp}\]"}
        }
}
output {
stdout{
    codec => rubydebug
}
}
```

此处的端口需要和Filebeat中配置的端口一致,通过filter组件来对"message"进行数据拆分过滤时间戳,效果如图4-55所示。

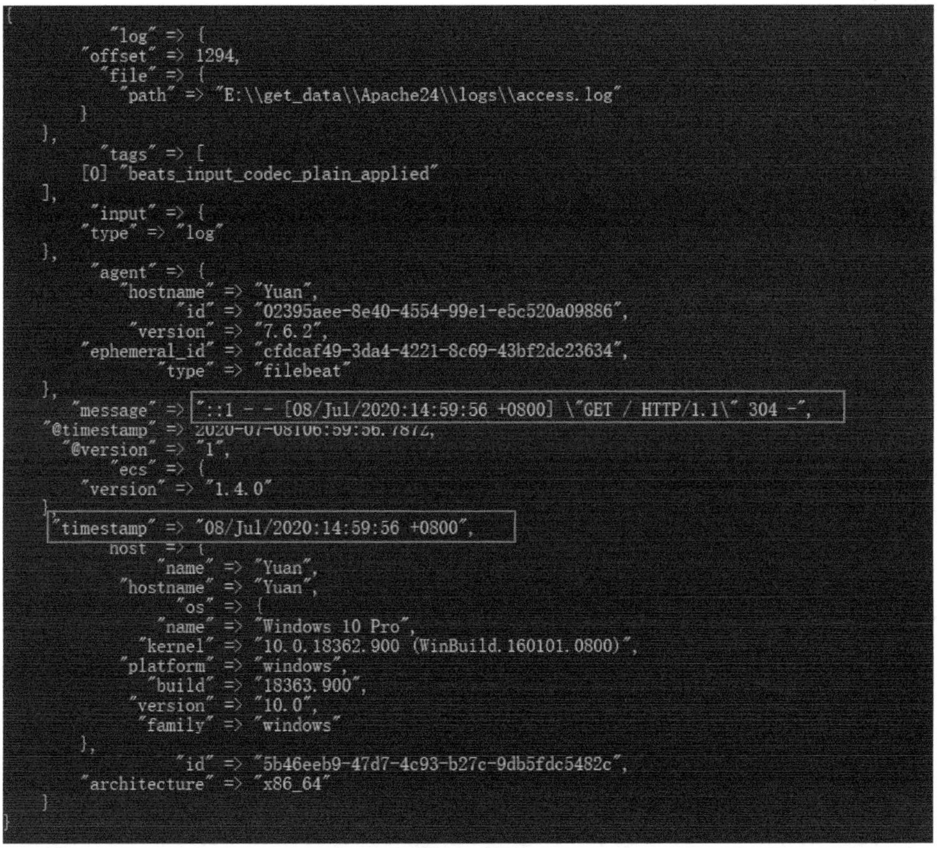

图4-55 数据筛选

第九步:在Logstash的bin目录下新建lib目录,放入mysql-connector-java-5.1.48.jar包。

第十步:配置输出方式为写入数据库(在写入数据库前需要创建好对应表格),代码如下:

```
output {
      stdout{
        codec => rubydebug
      }             # to do
        jdbc {
        driver_jar_path => "./lib/mysql-connector-java-5.1.48.jar"
        driver_class => "com.mysql.jdbc.Driver"
        connection_string => "jdbc:mysql://localhost:3306/test?user=root&password=123456"
        statement => [ "INSERT INTO Filebeat(hostname,path,message,timestamp) VALUES(?,?,?,?)", "[host][hostname]" ,"[log][file][path]", "message","timestamp"]
      }
}
```

在操作数据库之前需要安装Logstash-output-jdbc，如未安装Logstash-output-jdbc，则需通过命令行在Logstash文件夹的bin目录下运行如下安装代码：

```
Logstash-plugin install Logstash-output-jdbc
```

效果如图4-56所示。

图4-56　安装Logstash-output-jdbc

第十一步：在\Logstash-7.6.2\bin目录下运行cmd：-Logstash-f..\config\Logstash-test.conf，如图4-57所示。

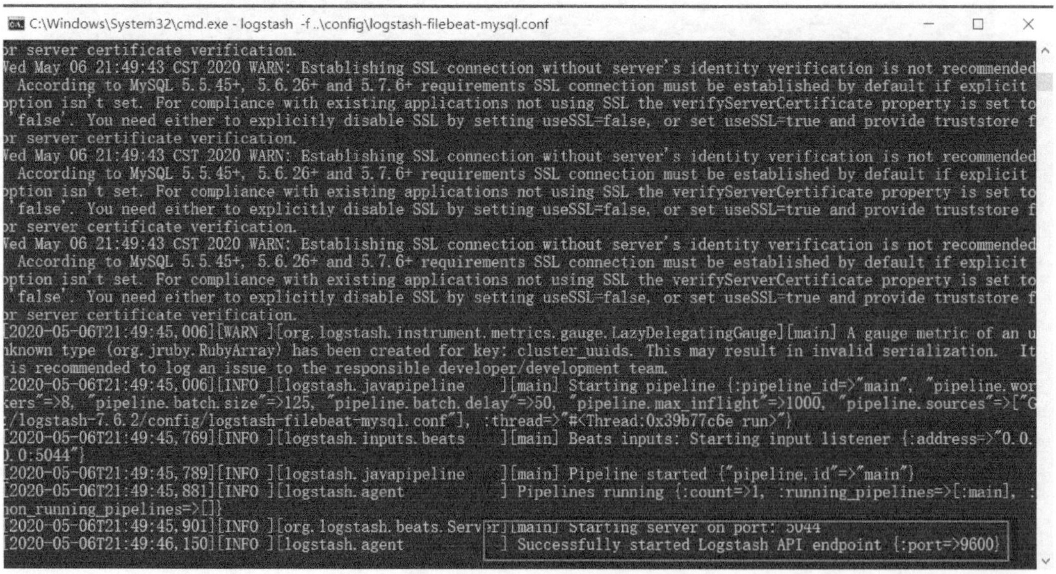

图4-57　运行效果

第十二步：打开数据库查看效果，如图4-58所示。

id	hostname	path	message	timestamp
9	Yuan	E:\get_data\Apache24\logs\access.log	::1 - - [08/Jul/2020:15:13:59 +0800] "-" 408 -	08/Jul/2020:15:13:59 +0800
10	Yuan	E:\get_data\Apache24\logs\access.log	::1 - - [08/Jul/2020:15:14:14 +0800] "GET / HTTP/1.1" 304 -	08/Jul/2020:15:14:14 +0800
11	Yuan	E:\get_data\Apache24\logs\access.log	::1 - - [08/Jul/2020:15:14:15 +0800] "GET / HTTP/1.1" 304 -	08/Jul/2020:15:14:15 +0800
12	Yuan	E:\get_data\Apache24\logs\access.log	::1 - - [08/Jul/2020:15:14:16 +0800] "GET / HTTP/1.1" 304 -	08/Jul/2020:15:14:16 +0800

图4-58　数据库中的写入结果

1．Windows下Apache目录结构

Apache的文件目录在Linux环境下和Windows环境下是有所不同的，这里要了解的是Windows环境下的Apache目录结构，与Linux环境下不同的是，在Linux环境中是没有bin目录的，而Windows环境的目录中没有build目录。在Windows环境下的目录结构如图4-59所示。

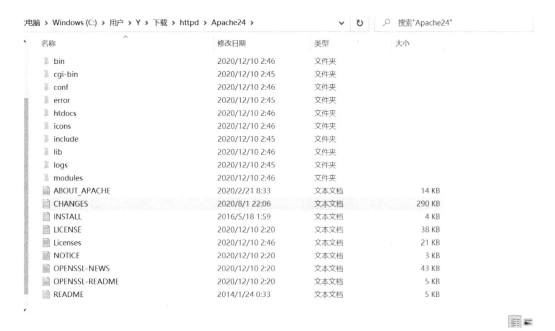

图4-59　Apache在Windows环境下的目录结构

主要文件介绍如下：

1）bin：bin是binary的缩写，即二进制，所以在bin目录中一般存放的是二进制的可执行文件。

2）conf：配置文件目录。

3）htdocs：编译安装时的站点目录。

4）logs：默认日志文件存放包括错误日志（error_log）和访问日志（access_log），

使用命令tail -f access_log可以随时查看访问记录，httpd.pid还会在其中记录主进程号。

除了可以通过Windows窗口查看文件的目录以外，还可以使用命令来查看文件的结构。在Windows中使用tree命令可以列出文件的结构，如图4-60所示。

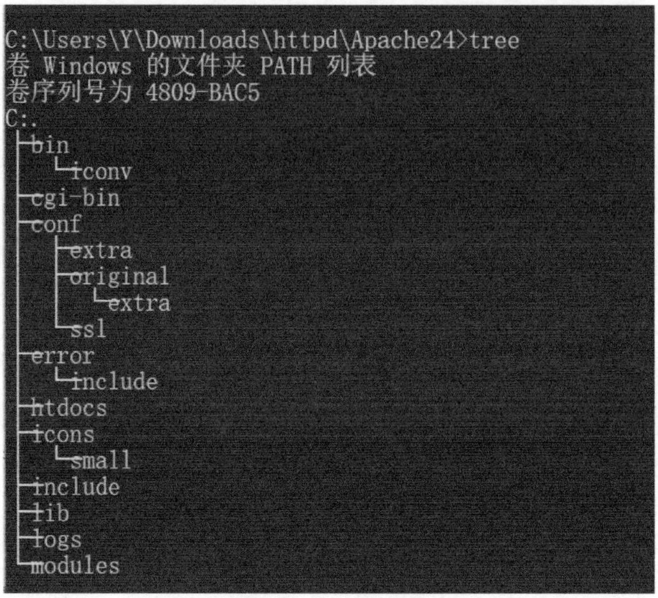

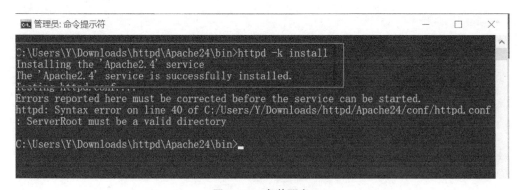

图4-60　文件结构

2. Windows下Apache基本配置和命令

当Apache下载解压以后，虽然它已经拥有了完整的目录结构，但是此时并不能使用，因为此时的Apache并没有将服务安装到计算机，于是可以打开Apache的解压目录，并且进入bin目录中，使用命令httpd -k start对服务进行安装（安装时，一般要以管理员身份调用命令窗口），如图4-61所示。

图4-61　安装服务

安装完成以后可以到计算机的服务中查看。步骤是：右击桌面的"计算机"图标，执行"计算机管理"→"服务和应用程序"→"服务"命令，看到如图4-62所示的"Apache2.4"服务即为安装成功。如果服务没有启动，也可以通过这种方式启动。

项目4
Apache容器数据采集

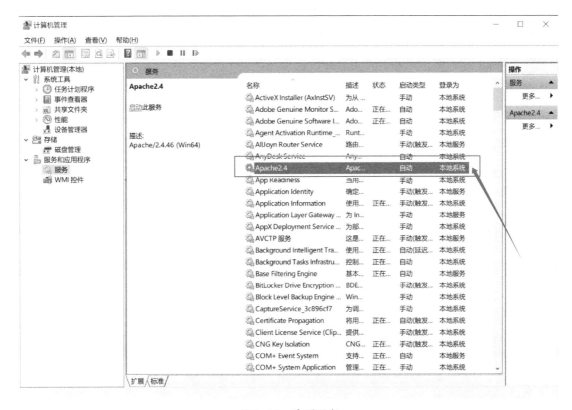

图4-62 查看服务

服务安装完成后就可以使用服务器了,在Windows中启动服务器的命令和在Linux中是不同的。在Windows中启动Apache服务器的命令是httpd -k start,启动完成以后可在浏览器中输入localhost:80来查看。出现如图4-63所示的结果即为启动成功。

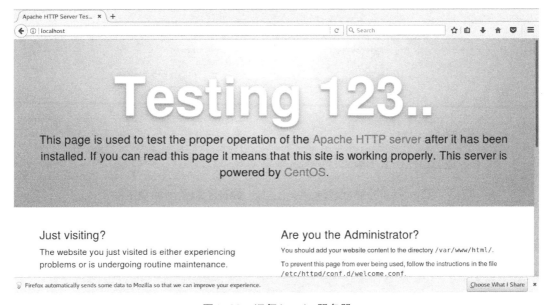

图4-63 运行Apache服务器

拓展任务

使用Apache和Filebeat以及Logstash收集服务启用日志，任务思路如下：

（1）在Linux环境下操作Apache容器

（2）使用Filebeat配置

（3）使用Logstash收集日志文件

任务总体评价

通过学习以上任务，看看自己是否掌握了以下技能，在技能检测表中标出已掌握的技能。

评价标准	个人评价	小组评价	教师评价
能够在Linux环境下安装Apache服务器			
能够成功安装Filebeat			
能够采集httpd产生的日志			
能够成功使用Logstash将数据过滤采集			
能够将收集到的数据输出到MySQL数据库			

备注：A为能做到　B为基本能做到　C为部分能做到　D为基本做不到

练习题

一、单项选择题

1. 以下不是Apache 2.0版本特点的选项是（　　）。

　　A．增强了Apache的跨平台移植性　　B．提高了服务器的稳定性

　　C．增强模块功能　　　　　　　　　　D．提高了分布式的能力

2. 在Linux下安装好httpd服务器以后，进入它的安装目录，以下目录和简介不对应的是（　　）。

　　A．/etc/httpd/conf　#配置文件路径

B. /etc/httpd/conf/httpd.conf　#主配置文件

C. /usr/lib64/httpd/　#可执行文件路径

D. /usr/sbin/　#命令文件路径

3. 以下几个命令启动httpd服务的是（　　）。

A. # service httpd start

B. # /usr/local/Apache-httpd/bin/Apachectl start

C. # Apachectl -f /etc/httpd/httpd.conf

D. # service httpd stop

4. httpd采用core+modules模块化设计方法，其中模块采用DSO（Dynamic Shared Object，动态模块加载）的方式，具有MPM（Multipath Processing Module，多道处理模块）特性。主要的工作方式为（　　）。

A. prefork　　　B. worker　　　C. event　　　D. process

5. 对日志格式的描述不正确的是（　　）。

A. 远程主机IP：表明访问网站的是谁

B. 空白（E-mail）：为了避免用户的邮箱被垃圾邮件骚扰，第二项就用"-"取代

C. 请求时间：用方括号包围，而且采用"公用日志格式"或者"标准英文格式"，时间信息最后的"+0800"表示服务器所处时区位于UTC之后的8小时

D. 方法+资源+协议：表示请求的状态

二、简答题

1. 如何在Linux机器上安装Apache服务器？

2. Apache以哪个用户运行？主配置文件的位置在哪里？

3. 如何在Apache中改变默认的端口以及如何侦听其中的指令工作？

4. Apache的DocumentRoot是什么？

5. 写出启动httpd进程的用户为Apache的命令。

Project 5

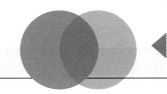

项目 ⑤

Tomcat容器数据采集

项目情境

经理：小张，你知道Tomcat吗？你能采集Tomcat在Linux环境下的日志信息吗？

小张：经理，Linux环境我倒是挺熟悉的，但是对于Tomcat了解得不多。

经理：你了解Apache吗？可以将Tomcat看作是Apache的一个分支。

小张：我了解的。

经理：给你一些时间抓紧学习一下，并了解一下Filebeat和Logstash在Linux环境下的使用。

小张：好的，没问题。

经理：学习过程中，最好使用一个案例来实现数据的采集。

小张：好的。

小张和经理谈完话后，开始学习Tomcat的相关知识，除此之外还打算采集Tomcat的日志数据，做完这些以后还想试试在Windows环境下的采集，于是有了以下安排：

（1）复习Linux的相关知识

（2）学习Tomcat的相关知识和使用条件

（3）使用Filebeat和Logstash将日志信息采集下来

学习目标

【知识目标】

- 了解什么是Tomcat
- 了解Tomcat的发展历史

- 了解Tomcat的应用
- 掌握Tomcat的常用命令
- 掌握Tomcat在Linux环境下的状态
- 掌握Tomcat在Linux环境下的日志
- 掌握查看实时日志的方法

【技能目标】

- 在Linux环境下安装Tomcat
- 能够查看Linux环境下Tomcat的日志
- 能够掌握tail的用法

任务1　Tomcat安装

任务描述

Tomcat服务器是一个免费的开放源代码的轻量级Web应用服务器，可以实现项目的部署和管理。本任务是Tomcat的安装，在任务中将要实现Tomcat在Linux操作系统中的安装，任务的思路如下：

（1）检查系统中是否有Java JDK

（2）解压Tomcat安装包

（3）Tomcat映射

（4）配置tomcat.sh

（5）查看Tomcat版本状态

（6）创建index.jsp测试页面并启动Tomcat

（7）安装验证

扫码看视频

任务步骤

第一步：使用java -verison查看系统是否自带了OpenJDK以及相关安装包，效果如图5-1所示。

```
[root@192 ~]# java -version
openjdk version "1.8.0_131"
OpenJDK Runtime Environment (build 1.8.0_131-b12)
OpenJDK 64-Bit Server VM (build 25.131-b12, mixed mode)
[root@192 ~]#
```

图5-1 检查JDK

第二步：打开Tomcat官网，选择Tomcat 8.5.57版本的"tar.gz"下载，效果如图5-2所示。

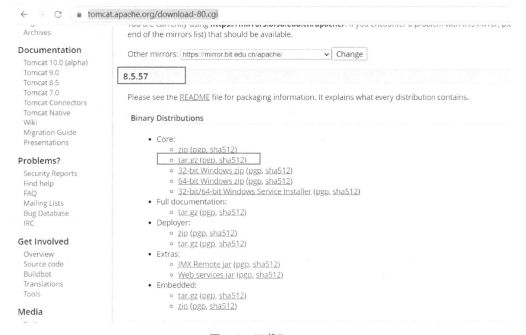

图5-2 下载Tomcat

第三步：使用tar -zxvf命令解压Tomcat文件，如图5-3所示。

```
[master@192 Desktop]$ tar -zxvf apache-tomcat-8.5.57.tar.gz
apache-tomcat-8.5.57/conf/
apache-tomcat-8.5.57/conf/catalina.policy
apache-tomcat-8.5.57/conf/catalina.properties
apache-tomcat-8.5.57/conf/context.xml
apache-tomcat-8.5.57/conf/jaspic-providers.xml
apache-tomcat-8.5.57/conf/jaspic-providers.xsd
apache-tomcat-8.5.57/conf/logging.properties
apache-tomcat-8.5.57/conf/server.xml
apache-tomcat-8.5.57/conf/tomcat-users.xml
apache-tomcat-8.5.57/conf/tomcat-users.xsd
apache-tomcat-8.5.57/conf/web.xml
apache-tomcat-8.5.57/bin/
apache-tomcat-8.5.57/lib/
apache-tomcat-8.5.57/logs/
apache-tomcat-8.5.57/temp/
apache-tomcat-8.5.57/webapps/
apache-tomcat-8.5.57/webapps/ROOT/
apache-tomcat-8.5.57/webapps/ROOT/WEB-INF/
apache-tomcat-8.5.57/webapps/docs/
apache-tomcat-8.5.57/webapps/docs/WEB-INF/
apache-tomcat-8.5.57/webapps/docs/annotationapi/
apache-tomcat-8.5.57/webapps/docs/api/
```

图5-3 解压Tomcat文件

第四步：将Tomcat移动到/usr/local目录下，命令如下：

[root@192 Desktop]# mv apache-tomcat-8.5.57/　/usr/local/

第五步：切换文件路径为/usr/local/，将文件夹映射至tomcat，代码如下，效果如图5-4所示。

```
cd /usr/local/
ln –sv apache-tomcat-8.5.57 tomcat  #将文件夹映射至tomcat
```

```
[root@192 local]# ln -sv apache-tomcat-8.5.57 tomcat
'tomcat' -> 'apache-tomcat-8.5.57'
```

图5-4　设置文件映射

第六步：配置vi，输入/etc/profile.d/tomcat.sh命令，如图5-5所示。

```
CATALINA_BASE=/usr/local/tomcat
PATH=$CATALINA_BASE/bin:$PATH
export PATH CATALINA_BASE
~
~
~
~
~
~
~
~
~
~
~
~
~
~
~
~
~
~
~
~
"/etc/profile.d/tomcat.sh" 3L, 88C                           3,1           All
```

图5-5　配置vi

第七步：运行下面的命令，使配置生效。

[root@192 local]# source　/etc/profile.d/tomcat.sh

第八步：使用catalina.sh version查看Tomcat的版本状态，效果如图5-6所示。

第九步：在/usr/local/tomcat/webapps/下新建test文件，创建index.jsp测试页面，编写如下代码，使用catalina.sh start启动Tomcat服务，效果如图5-7所示。

```
<html>
    <head>
        <title>第一个JSP程序</title>
    </head>
    <boby>
        <%
            out.println("Hello,World!"); //在网页上输出"Hello,World!"语句
        %>
    </boby>
</html>
```

```
[root@192 local]# catalina.sh version
Using CATALINA_BASE:   /usr/local/tomcat
Using CATALINA_HOME:   /usr/local/tomcat
Using CATALINA_TMPDIR: /usr/local/tomcat/temp
Using JRE_HOME:        /usr
Using CLASSPATH:       /usr/local/tomcat/bin/bootstrap.jar:/usr/local/tomcat/bin
/tomcat-juli.jar
Server version: Apache Tomcat/8.5.57
Server built:   Jun 30 2020 21:49:10 UTC
Server number:  8.5.57.0
OS Name:        Linux
OS Version:     3.10.0-693.el7.x86_64
Architecture:   amd64
JVM Version:    1.8.0_131-b12
JVM Vendor:     Oracle Corporation
[root@192 local]#
```

图5-6 查看Tomcat的版本

```
[root@192 local]# catalina.sh version
Using CATALINA_BASE:   /usr/local/tomcat
Using CATALINA_HOME:   /usr/local/tomcat
Using CATALINA_TMPDIR: /usr/local/tomcat/temp
Using JRE_HOME:        /usr
Using CLASSPATH:       /usr/local/tomcat/bin/bootstrap.jar:/usr/local/tomcat/bin
/tomcat-juli.jar
Server version: Apache Tomcat/8.5.57
Server built:   Jun 30 2020 21:49:10 UTC
Server number:  8.5.57.0
OS Name:        Linux
OS Version:     3.10.0-693.el7.x86_64
Architecture:   amd64
JVM Version:    1.8.0_131-b12
JVM Vendor:     Oracle Corporation
[root@192 local]# mkdir /usr/local/tomcat/webapps/test/index.jsp
[root@192 local]# touch /usr/local/tomcat/webapps/test/index.jsp
[root@192 local]# catalina.sh start
Using CATALINA_BASE:   /usr/local/tomcat
Using CATALINA_HOME:   /usr/local/tomcat
Using CATALINA_TMPDIR: /usr/local/tomcat/temp
Using JRE_HOME:        /usr
Using CLASSPATH:       /usr/local/tomcat/bin/bootstrap.jar:/usr/local/tomcat/bin
```

图5-7 启动Tomcat服务

第十步：打开浏览器，效果如图5-8所示。

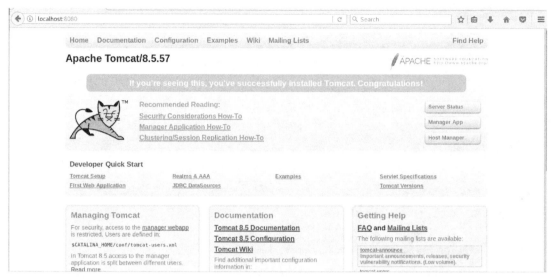

图5-8 Tomcat的运行结果

输入http://localhost:8080/test/index.jsp，效果如图5-9所示。

图5-9 index.jsp的运行结果

1. Tomcat概述

Tomcat是Apache软件基金会推出的一个免费开源的Servlet容器，由Apache、Sun和其他一些公司及个人共同开发，是目前比较受欢迎的一款Web服务器软件。在使用过程中Tomcat是一个开源的小型的轻量级应用服务，且具有占用系统资源少、扩展性好、支持负载平衡和邮件服务等特点。Tomcat的官方网站如图5-10所示。

Tomcat的第一个版本也就是Tomcat 3.x发布于1999年，该版本实现了Servlet 2.2和JSP 1.1的规范标准。

在2001年，Tomcat发布了具有里程碑意义的4.0版本，4.0版本的Tomcat完全重新设计了其架构，实现了Servlet 2.3和JSP 1.2规范。Tomcat不仅广泛用于开发及测试环境，还能用于复杂和大型的集群架构。Tomcat具体版本的发布时间以及特性见表5-1。

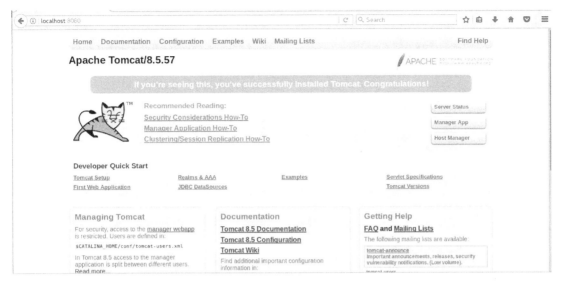

图5-10 Tomcat的官方网站

表5-1 Tomcat的发展历史

版本	发布日期	特性	新版本	最新更新
3.0	1999	Servlet 2.2, and JSP 1.1	3.3.2	2004-03-09
4.0	2001	Servlet 2.3 and JSP 1.2	4.1.40	2009-06-25
5.0	2003	Servlet 2.4, JSP 2.0, and EL 1.1	5.0.30	2004-08-30
6.0	2007	Servlet 2.5, JSP 2.1, and EL 2.1	6.0.45	2016-02-11
7.0	2011	Servlet 3.0, JSP 2.2, and EL 2.2	7.0.103	2020-03-19
8.0	2014	Servlet 3.1, JSP 2.3, EL 3.0, and WebSocket	8.0.53	2018-03-03
9.0	2018	Servlet 4.0, JSP 2.4 (TBD), EL 3.1 (TBD)	9.0.34	2020-04-08

2. Tomcat应用

Tomcat作为一个轻量级的Web服务器，能够承载Java Web程序，因此也可以将它称为Web容器。如果网页是由纯HTML编写的，可以直接使用HTML来查看解释效果，但是如果网页用JSP和ASP以及PHP等动态语言编写时，浏览器就无法解释了，就需要服务器来解释，而Tomcat就能解JSP文件。Tomcat和Servlet在网络中的位置如图5-11所示。

在Tomcat中的应用程序是一个WAR（WebArchive）文件。WAR是Sun提出的一种Web应用程序格式，与JAR类似，也是许多文件的一个压缩包。这个包中的文件按一定目录结构来组织，通常其根目录下包含HTML和JSP文件或者包含这两种文件的目录，还会有一个很重要的WEB-INF目录。通常在WEB-INF目录下有一个web.xml文件和一个classes目录，web.xml是这个应用的配置文件，而classes目录下则包含编译好的Servlet类和JSP或Servlet所依赖的其他类（如JavaBean）。通常这些所依赖的类也可以打包成JAR放到WEB-INF下的lib目录下。Web站点的目录如图5-12所示。

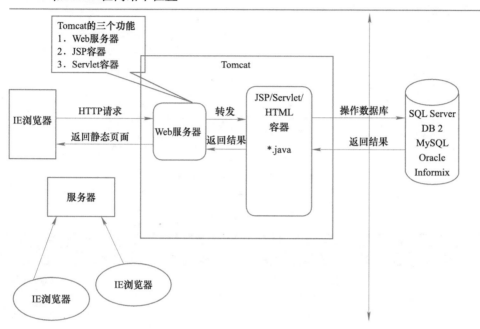

图5-11 Tomcat和Servlet在网络中的位置

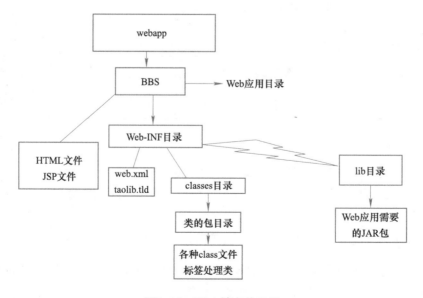

图5-12 Web站点的目录

3. Tomcat目录结构

Tomcat安装完成后，查看目录结构可以看到有多个子目录，其中比较重要的目录有4个，分别是bin、conf、logs和webapp。

1）bin：Tomcat脚本存放目录，如启动、关闭脚本等，其中，.sh文件为Linux脚本，.bat文件为Windows脚本。

2）conf：Tomcat配置文件目录。

3）logs：Tomcat默认日志目录。

4）webapp：webapp运行目录，是Tomcat中最为常用的目录，目录结构如图5-13所示。

```
|-- webapp
    |-- META-INF
    |   `-- MANIFEST.MF
    |-- WEB-INF
    |   |-- classes
    |   |   |-- *.class
    |   |   `-- *.xml
    |   |-- lib
    |   |   `-- *.jar
    |   `-- web.xml
    |-- <userdir>
    |-- <userfiles>
```

图5-13　webapp目录结构

关于各个目录及文件的作用如下：

1）webapp：工程发布文件夹。其实每个war包都可以视为webapp的压缩包。

2）META-INF：用于存放工程自身相关的一些信息，元文件信息，通常由开发工具、环境自动生成。

3）MANIFEST.MF：配置清单文件。

4）WEB-INF：Java Web应用的安全目录。所谓安全就是客户端无法访问，只有服务端可以访问的目录。

5）classes：存放程序所需要的所有Java class文件。

6）lib：存放程序所需要的所有JAR文件。

7）web.xml：Web应用的部署配置文件，是工程中最重要的配置文件，它描述了Servlet和组成应用的其他组件，以及应用初始化参数、安全管理约束等。

任务2 Tomcat日志配置远程rsyslog采集

Tomcat日志数据的采集有多种方式，使用tail是最简单的方法，但必须保证catalina.out日志中的每行都是以日期格式开头的。除了tail方法外，还可以通过对rsyslog配置实现，本任务主要通过配置rsyslog进行Tomcat日志数据的采集，任务的思路如下：

（1）检查系统中是否存在rsyslog

（2）创建Tomcat日志采集配置文件

（3）重启rsyslog，进行日志数据的采集

扫码看视频

第一步：查看rsyslog版本，确定系统是否存在rsyslog，命令如下：

[root@master ~]# rsyslogd –v

效果如图5-14所示。

```
[root@master ~]# rsyslogd -v
rsyslogd 8.24.0, compiled with:
        PLATFORM:                               x86_64-redhat-linux-gnu
        PLATFORM (lsb_release -d):
        FEATURE_REGEXP:                         Yes
        GSSAPI Kerberos 5 support:              Yes
        FEATURE_DEBUG (debug build, slow code): No
        32bit Atomic operations supported:      Yes
        64bit Atomic operations supported:      Yes
        memory allocator:                       system default
        Runtime Instrumentation (slow code):    No
        uuid support:                           Yes
        Number of Bits in RainerScript integers: 64

See http://www.rsyslog.com for more information.
[root@master ~]#
```

图5-14 查看rsyslog版本

第二步：查看/var/spool目录下是否存在rsyslog，命令如下：

```
[root@master ~]# find /var/spool/rsyslog/
```

效果如图5-15所示。

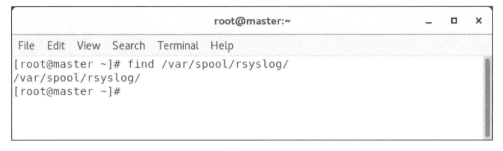

图5-15　查看rsyslog版本

第三步：配置rsyslog.conf文件，包括模块加载、输出文件相关设置等，代码如下：

```
[root@master ~]# vim /etc/rsyslog.conf
# 提供对本地系统日志的支持
$ModLoad imuxsock
# 读取内核消息
$ModLoad imklog
module(load="imfile" PollingInterval="5")
# UDP接收系统日志
$WorkDirectory /var/lib/rsyslog
# 使用默认时间戳格式
$ActionFileDefaultTemplate RSYSLOG_TraditionalFileFormat
# 引入其他配置文件
$IncludeConfig /etc/rsyslog.d/*.conf
#内核消息，默认不启用
#kern.*          /dev/console
#记录所有日志类型信息等级大于等于info级别的信息到messages文件*.info;mail.none;authpriv.none;cron.none          /var/log/messages
# authpriv验证相关的所有信息存放在/var/log/secure
authpriv.*          /var/log/secure
# 邮件的所有信息存放在/var/log/maillog，这里有一个"-"符号表示使用异步的方式记录
mail.*          -/var/log/maillog
# 任务计划有关的信息存放在/var/log/cron
cron.*          /var/log/cron
# 记录所有的≥emerg级别信息，发送给每个登录到系统的日志
*.emerg          :omusrmsg:*
# 记录uucp，news.crit等
```

```
uucp,news.crit        /var/log/spooler
# 本地服务器启动的所有日志
local7.*    /var/log/boot.log
ruleset(name="MyRuleSet") {
  action(type="omfile"       #输出文件模式
    File="/var/log/test.out") #输出文件的位置
  stop
}
```

第四步：配置tomcat-log.conf，读取Tomcat的catalina.out文件并将其写入test.out文件中，命令如下：

```
[root@master ~]# vim /etc/rsyslog.d/tomcat-log.conf
input(type="imfile"
      File="/usr/local/tomcat/logs/catalina.out"
      Tag="test1"
      Severity="info"
      Facility="local0"
      ruleset="MyRuleSet")
```

第五步：启动rsyslog服务，然后检查配置文件是否正确，命令如下：

```
[root@master ~]# systemctl restart rsyslog.service
[root@master ~]# rsyslogd –N 1
```

效果如图5-16所示。

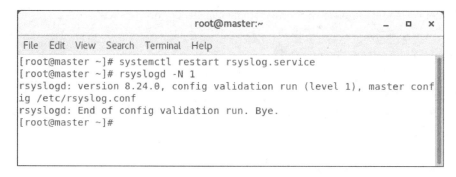

图5-16　启动rsyslog服务并检查配置文件是否正确

第六步：查看启动日志，再次确认配置文件是否正确，命令如下：

```
[root@master ~]# tail –f /var/log/messages
```

效果如图5-17所示。

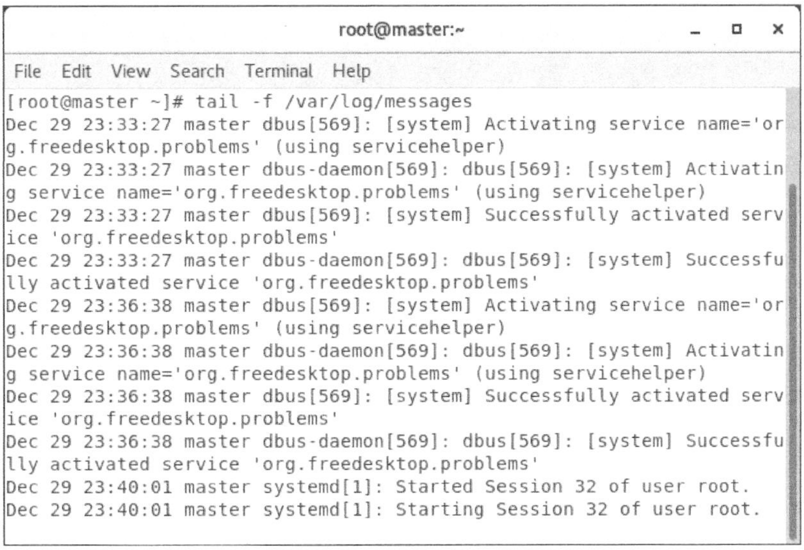

图5-17 查看启动日志

第七步：在/var/log目录下新建test.out文件，命令如下：

[root@master ~]# touch /var/log/test.out
[root@master ~]# find /var/log/test.out

效果如图5-18所示。

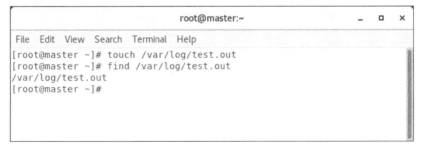

图5-18 新建test.out文件

第八步：使用tail命令实时查看test.out中的内容，命令如下：

[root@master ~]# tail –f /var/log/test.out

效果如图5-19所示。

第九步：再次打开一个命令窗口，进入Tomcat的bin目录，启动Tomcat，命令如下：

[root@master ~]# cd /usr/local/tomcat/bin/
[root@master bin]# ./startup.sh

效果如图5-20所示。

数据采集技术（中级）

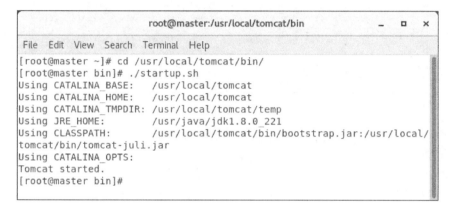

图5-19　实时查看test.out内容

图5-20　启动Tomcat

第十步：返回上一个窗口，可以看到test.out中已经存在了catalina.out文件内容，效果如图5-21所示。

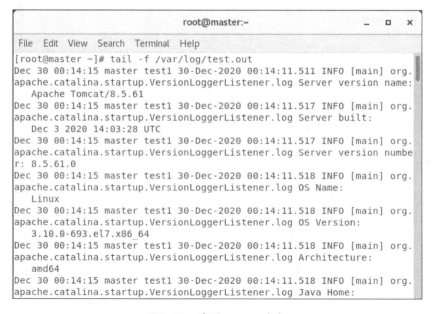

图5-21　查看test.out内容

1. Linux下查看Tomcat状态和日志

（1）实时查看日志

第一步：切换到日志目录。

```
cd usr/local/tomcat/logs
```

第二步：实时查看tomcat日志。

```
tail –f catalina.out
```

效果如图5-22所示。

```
/apache-tomcat-8.5.57/webapps/examples] has finished in [365] ms
10-Aug-2020 04:11:42.714 INFO [localhost-startStop-1] org.apache.catalina.startu
).HostConfig.deployDirectory Deploying web application directory [/usr/local/apa
che-tomcat-8.5.57/webapps/host-manager]
10-Aug-2020 04:11:42.745 INFO [localhost-startStop-1] org.apache.catalina.startu
).HostConfig.deployDirectory Deployment of web application directory [/usr/local
/apache-tomcat-8.5.57/webapps/host-manager] has finished in [30] ms
10-Aug-2020 04:11:42.745 INFO [localhost-startStop-1] org.apache.catalina.startu
).HostConfig.deployDirectory Deploying web application directory [/usr/local/apa
che-tomcat-8.5.57/webapps/manager]
10-Aug-2020 04:11:42.775 INFO [localhost-startStop-1] org.apache.catalina.startu
).HostConfig.deployDirectory Deployment of web application directory [/usr/local
/apache-tomcat-8.5.57/webapps/manager] has finished in [30] ms
10-Aug-2020 04:11:42.776 INFO [localhost-startStop-1] org.apache.catalina.startu
).HostConfig.deployDirectory Deploying web application directory [/usr/local/apa
che-tomcat-8.5.57/webapps/test]
10-Aug-2020 04:11:42.834 INFO [localhost-startStop-1] org.apache.catalina.startu
).HostConfig.deployDirectory Deployment of web application directory [/usr/local
/apache-tomcat-8.5.57/webapps/test] has finished in [58] ms
10-Aug-2020 04:11:42.837 INFO [main] org.apache.coyote.AbstractProtocol.start St
arting ProtocolHandler ["http-nio-8080"]
10-Aug-2020 04:11:42.858 INFO [main] org.apache.catalina.startup.Catalina.start
Server startup in 1088 ms
```

图5-22　实时查看日志

（2）tail用法

tail的语法格式如下：

```
tail [必要参数] [选择参数] [文件]
```

常用的参数有：

- -f 循环读取。

- -q 不显示处理信息。

- -v 显示详细的处理信息。

- -c<数目> 显示的字节数。

- -n<行数> 显示行数。

- -pid=PID与-f合用，表示pid是进程编号，PID是各进程的身份标识，程序一运行系统就会自动分配给进程一个独一无二的PID。进程中止后PID被系统回收，可能会被继续分配给新运行的程序。

- -q，--quiet，--silent从不输出给出文件名的首部。

- -s，--sleep-interval=S与-f合用，表示在每次反复的间隔休眠S秒。

2．Tomcat日志详解

（1）Tomcat日志配置

在Tomcat中，其对应的配置文件在Tomcat目录下的conf中，配置文件名称为logging.properties。目前，Tomcat提供几个常见类别的日志，分别是：

- catalina：向控制台输出的日志

- localhost：启动失败的日志

- manager：manager项目专有的日志

- host-manager：使用Tomcat Manager执行的活动日志

同时，每个类别的日志又被分为七个日志等级，等级从高到底分别是：

- SEVERE（最高级别）

- WARNING（警告）

- INFO（消息）

- CONFIG（配置文件）

- FINE（精细）

- FINER（更精细）

- FINEST（所有内容，最低级别）

在进行操作时，需要在logging.properties对不同的日志进行日志级别、输出位置以及日志文件前缀进行配置，其中，配置日志级别的语法格式如下：

```
日志类别.org.apache.juli.FileHandler.level=日志级别
```

以配置catalina日志的级别为例，将其级别设置为FINE，代码如下：

```
catalina.org.apache.juli.FileHandler.level=FINE
```

需要注意的是，level属性除了用于设置日志的级别外，当其属性值为OFF时，还表示禁用日志的输出；当属性值为ALL时，则表示所有的日志消息均输出。

配置日志输出位置的语法格式如下：

```
日志类别.org.apache.juli.FileHandler.directory=路径
```

以配置catalina日志的输出位置为例，将其设置为输出到logs目录，代码如下：

```
catalina.org.apache.juli.FileHandler.level=${catalina.base}/logs
```

其中，catalina.base指向每个Tomcat目录私有信息的位置，即conf、logs、temp、webapp和work的父目录。

配置日志文件前缀的语法格式如下：

```
日志类别.org.apache.juli.FileHandler.prefix=前缀
```

以配置catalina日志文件的前缀为例，将其日志文件前缀设置为catalina.，代码如下：

```
catalina.org.apache.juli.FileHandler.prefix = catalina.
```

（2）Tomcat日志文件

在Tomcat中，每种类型日志的输出文件以及文件的内容都有其自己的格式，其中，catalina类型的日志有catalina.out和catalina.YYYY-MM-DD.log两种格式的文件，catalina.out是标准输出和标准出错文件，包含Tomcat运行自己输出的日志以及应用里向console输出的日志。catalina.out包含的日志内容如图5-23所示。

需要注意的是，默认情况下，该日志文件并不会自动切割，当这个文件大于2GB时，会影响Tomcat的运行，这时需要借助其他方法进行切割操作，常用的方法如下：

- 系统自带的切割工具logrotate

- logj4

- cronolog

图5-23 catalina.out包含的日志内容

catalina.{yyyy-MM-dd}.log文件用于保存Tomcat的启动和暂停时的运行日志，这些日志还会输出到catalina.out，但是应用向console输出的日志不会输出到catalina.{yyyy-MM-dd}.log，catalina.{yyyy-MM-dd}.log包含的日志内容如图5-24所示。

而localhost类型的日志有localhost.{yyyy-MM-dd}.log和localhost_access_log.YYYY-MM-DD.txt两种格式。localhost.{yyyy-MM-dd}.log文件用于保存被Tomcat捕获的未处理异常而输出的日志，同样包含Tomcat启动和暂停时的运行日志，但没有catalina.{yyyy-MM-dd}.log包含的信息全面，localhost.{yyyy-MM-dd}.log包含的日志内容如图5-25所示。

```
19-Sep-2018 07:03:18.713 INFO [main] org.apache.coyote.AbstractProtocol.pause Pausing ProtocolHan
19-Sep-2018 07:03:18.713 INFO [main] org.apache.coyote.AbstractProtocol.pause Pausing ProtocolHan
19-Sep-2018 07:03:18.713 INFO [main] org.apache.catalina.core.StandardService.stopInternal Stoppi
19-Sep-2018 07:03:18.741 INFO [1] org.apache.coyote.AbstractProtocol.stop Stopping ProtocolHandle
19-Sep-2018 07:03:18.741 INFO [1] org.apache.coyote.AbstractProtocol.destroy Destroying ProtocolH
19-Sep-2018 07:03:18.741 INFO [1] org.apache.coyote.AbstractProtocol.stop Stopping ProtocolHandle
19-Sep-2018 07:03:18.741 INFO [1] org.apache.coyote.AbstractProtocol.destroy Destroying ProtocolH
19-Sep-2018 09:53:13.515 INFO [main] org.apache.catalina.core.StandardServer.await A valid shutdo
19-Sep-2018 09:53:13.518 INFO [main] org.apache.coyote.AbstractProtocol.pause Pausing ProtocolHan
19-Sep-2018 09:53:13.589 INFO [main] org.apache.coyote.AbstractProtocol.pause Pausing ProtocolHan
19-Sep-2018 09:53:13.643 INFO [main] org.apache.catalina.core.StandardService.stopInternal Stoppi
19-Sep-2018 09:53:13.743 INFO [main] org.apache.coyote.AbstractProtocol.stop Stopping ProtocolHan
19-Sep-2018 09:53:13.749 INFO [main] org.apache.coyote.AbstractProtocol.stop Stopping ProtocolHan
19-Sep-2018 09:53:13.757 INFO [main] org.apache.coyote.AbstractProtocol.destroy Destroying Protoc
19-Sep-2018 09:53:13.760 INFO [main] org.apache.coyote.AbstractProtocol.destroy Destroying Protoc
19-Sep-2018 09:53:28.358 INFO [main] org.apache.catalina.startup.VersionLoggerListener.log Server
19-Sep-2018 09:53:28.361 INFO [main] org.apache.catalina.startup.VersionLoggerListener.log Server
19-Sep-2018 09:53:28.361 INFO [main] org.apache.catalina.startup.VersionLoggerListener.log Server
19-Sep-2018 09:53:28.361 INFO [main] org.apache.catalina.startup.VersionLoggerListener.log OS Nam
19-Sep-2018 09:53:28.361 INFO [main] org.apache.catalina.startup.VersionLoggerListener.log OS Ver
19-Sep-2018 09:53:28.361 INFO [main] org.apache.catalina.startup.VersionLoggerListener.log Archit
19-Sep-2018 09:53:28.361 INFO [main] org.apache.catalina.startup.VersionLoggerListener.log Java H
19-Sep-2018 09:53:28.361 INFO [main] org.apache.catalina.startup.VersionLoggerListener.log JVM Ve
19-Sep-2018 09:53:28.361 INFO [main] org.apache.catalina.startup.VersionLoggerListener.log JVM Ve
19-Sep-2018 09:53:28.361 INFO [main] org.apache.catalina.startup.VersionLoggerListener.log CATALI
19-Sep-2018 09:53:28.361 INFO [main] org.apache.catalina.startup.VersionLoggerListener.log CATALI
19-Sep-2018 09:53:28.361 INFO [main] org.apache.catalina.startup.VersionLoggerListener.log Comman
19-Sep-2018 09:53:28.362 INFO [main] org.apache.catalina.startup.VersionLoggerListener.log Comman
19-Sep-2018 09:53:28.362 INFO [main] org.apache.catalina.startup.VersionLoggerListener.log Comman
19-Sep-2018 09:53:28.362 INFO [main] org.apache.catalina.startup.VersionLoggerListener.log Comman
19-Sep-2018 09:53:28.362 INFO [main] org.apache.catalina.startup.VersionLoggerListener.log Comman
19-Sep-2018 09:53:28.362 INFO [main] org.apache.catalina.startup.VersionLoggerListener.log Comman
```

图5-24　catalina.{yyyy-MM-dd}.log包含的日志内容

```
19-Sep-2018 03:57:15.287 INFO [localhost-startStop-1] org.apache.catalina.core.ApplicationContext.lo
19-Sep-2018 03:57:15.287 INFO [localhost-startStop-1] org.apache.catalina.core.ApplicationContext.lo
19-Sep-2018 03:57:15.288 INFO [localhost-startStop-1] org.apache.catalina.core.ApplicationContext.lo
19-Sep-2018 07:03:18.568 INFO [localhost-startStop-1] org.apache.catalina.core.ApplicationContext.lo
19-Sep-2018 07:03:18.568 INFO [localhost-startStop-1] org.apache.catalina.core.ApplicationContext.lo
19-Sep-2018 07:03:18.569 INFO [localhost-startStop-1] org.apache.catalina.core.ApplicationContext.lo
19-Sep-2018 07:03:18.732 INFO [localhost-startStop-1] org.apache.catalina.core.ApplicationContext.lo
19-Sep-2018 07:03:18.732 INFO [localhost-startStop-1] org.apache.catalina.core.ApplicationContext.lo
19-Sep-2018 09:53:13.707 INFO [localhost-startStop-2] org.apache.catalina.core.ApplicationContext.lo
19-Sep-2018 09:53:13.707 INFO [localhost-startStop-2] org.apache.catalina.core.ApplicationContext.lo
19-Sep-2018 09:53:29.980 INFO [localhost-startStop-1] org.apache.catalina.core.ApplicationContext.lo
19-Sep-2018 09:53:29.981 INFO [localhost-startStop-1] org.apache.catalina.core.ApplicationContext.lo
```

图5-25　localhost.{yyyy-MM-dd}.log包含的日志内容

localhost_access_log.YYYY-MM-DD.txt文件用于保存Tomcat的访问日志，如请求时间、资源使用、状态码等，localhost_access_log.YYYY-MM-DD.txt包含的日志内容如图5-26所示。

数据采集技术（中级）

```
192.168.1.220 - - [19/Sep/2018:03:57:42 -0400] "GET / HTTP/1.1" 200 11286
192.168.1.220 - - [19/Sep/2018:03:57:42 -0400] "GET /tomcat.css HTTP/1.1" 200 5581
192.168.1.220 - - [19/Sep/2018:03:57:42 -0400] "GET /tomcat.png HTTP/1.1" 200 5103
192.168.1.220 - - [19/Sep/2018:03:57:42 -0400] "GET /bg-button.png HTTP/1.1" 200 713
192.168.1.220 - - [19/Sep/2018:03:57:42 -0400] "GET /bg-nav.png HTTP/1.1" 200 1401
192.168.1.220 - - [19/Sep/2018:03:57:42 -0400] "GET /asf-logo-wide.svg HTTP/1.1" 200
192.168.1.220 - - [19/Sep/2018:03:57:42 -0400] "GET /bg-middle.png HTTP/1.1" 200 1918
192.168.1.220 - - [19/Sep/2018:03:57:42 -0400] "GET /bg-upper.png HTTP/1.1" 200 3103
192.168.1.220 - - [19/Sep/2018:03:58:14 -0400] "GET / HTTP/1.1" 200 11286
192.168.1.220 - - [19/Sep/2018:03:58:14 -0400] "GET /favicon.ico HTTP/1.1" 200 21630
192.168.1.220 - - [19/Sep/2018:03:58:16 -0400] "GET / HTTP/1.1" 200 11286
192.168.1.220 - - [19/Sep/2018:03:58:16 -0400] "GET /favicon.ico HTTP/1.1" 200 21630
192.168.1.220 - - [19/Sep/2018:03:58:21 -0400] "GET / HTTP/1.1" 200 11286
192.168.1.220 - - [19/Sep/2018:03:58:21 -0400] "GET /favicon.ico HTTP/1.1" 200 21630
192.168.1.220 - - [19/Sep/2018:03:58:28 -0400] "GET /docs/setup.html HTTP/1.1" 200 14
192.168.1.220 - - [19/Sep/2018:03:58:28 -0400] "GET /docs/images/docs-stylesheet.css
192.168.1.220 - - [19/Sep/2018:03:58:28 -0400] "GET /docs/images/tomcat.png HTTP/1.1"
192.168.1.220 - - [19/Sep/2018:03:58:28 -0400] "GET /docs/images/asf-logo.svg HTTP/1.
192.168.1.220 - - [19/Sep/2018:03:58:28 -0400] "GET /docs/images/fonts/fonts.css HTTP
192.168.1.220 - - [19/Sep/2018:03:58:29 -0400] "GET /docs/images/fonts/OpenSans400.wo
```

图5-26　localhost_access_log.YYYY-MM-DD.txt包含的日志内容

manager类型的日志被保存在manager.YYYY-MM-DD.log格式文件中，是tomcat manager项目专有的日志文件。

host-manager类型的日志被保存在host-manager.YYYY-MM-DD.log格式文件中，包含了Tomcat自带的manager项目的日志信息。

任务3　Linux下Tomcat日志数据采集

本任务要实现Tomcat的日志信息采集，结合logstash以及Filebeat等工具。将Tomcat中的信息采集并保存下来，本任务的思路如下：

（1）检查系统中是否有Java JDK

（2）安装Tomcat

（3）使用Filebeat和logstash完成日志数据的采集

扫码看视频

任务步骤

第一步：打开浏览器，下载Filebeat 7.6.2 Linux版本，保存在/usr/local目录下。

第二步：解压，如图5-27所示。

```
tar -zxvf Filebeat-7.6.2-linux-x86_64.tar.gz
```

```
[master@192 Desktop]$ tar -zxvf filebeat-7.6.2-linux-x86_64.tar.gz
filebeat-7.6.2-linux-x86_64/filebeat.reference.yml
filebeat-7.6.2-linux-x86_64/filebeat.yml
filebeat-7.6.2-linux-x86_64/module/
filebeat-7.6.2-linux-x86_64/module/activemq/
filebeat-7.6.2-linux-x86_64/module/activemq/audit/
filebeat-7.6.2-linux-x86_64/module/activemq/audit/config/
filebeat-7.6.2-linux-x86_64/module/activemq/audit/config/audit.yml
filebeat-7.6.2-linux-x86_64/module/activemq/audit/ingest/
filebeat-7.6.2-linux-x86_64/module/activemq/audit/ingest/pipeline.yml
filebeat-7.6.2-linux-x86_64/module/activemq/audit/manifest.yml
filebeat-7.6.2-linux-x86_64/module/activemq/log/
filebeat-7.6.2-linux-x86_64/module/activemq/log/config/
filebeat-7.6.2-linux-x86_64/module/activemq/log/config/log.yml
filebeat-7.6.2-linux-x86_64/module/activemq/log/ingest/
filebeat-7.6.2-linux-x86_64/module/activemq/log/ingest/pipeline.yml
filebeat-7.6.2-linux-x86_64/module/activemq/log/manifest.yml
filebeat-7.6.2-linux-x86_64/module/activemq/module.yml
filebeat-7.6.2-linux-x86_64/module/apache/
filebeat-7.6.2-linux-x86_64/module/apache/access/
filebeat-7.6.2-linux-x86_64/module/apache/access/config/
filebeat-7.6.2-linux-x86_64/module/apache/access/config/access.yml
filebeat-7.6.2-linux-x86_64/module/apache/access/ingest/
filebeat-7.6.2-linux-x86_64/module/apache/access/ingest/default.json
```

图5-27　解压Filebeat文件

重命名，可以取一个简单的名字。

```
mv Filebeat-7.6.2-linux-x86_64 Filebeat
```

第三步：切换到Filebeat文件夹下，使用vim修改Filebeat.yml。

```
cd /usr/local/Filebeat/
vim Filebeat.yml
```

第四步：获取一个日志文件，如图5-28所示，并输出到Logstash的端口上，如图5-29所示。

```
filebeat.inputs:

# Each - is an input. Most options can be set at the input level, so
# you can use different inputs for various configurations.
# Below are the input specific configurations.

- type: log

  # Change to true to enable this input configuration.
  enabled: true

  # Paths that should be crawled and fetched. Glob based paths.
  paths:
    - /usr/local/tomcat/logs/*.log
    #- c:\programdata\elasticsearch\logs\*

  # Exclude lines. A list of regular expressions to match. It drops the lines tha
  # matching any regular expression from the list.
  #exclude_lines: ['^DBG']
```

图5-28 获取日志文件

```
                                        Logstash output ---------------------------
output.logstash:
  # The Logstash hosts
  hosts: ["localhost:5044"]

                                                              164,25          71%
```

图5-29 将日志输出到Logstash端口上

第五步：控制台启动Filebeat，如图5-30所示。

./Filebeat –e –c Filebeat-tomcat.yml

```
                        master@192:/usr/local/filebeat            _  □  ×
File  Edit  View  Search  Terminal  Help
d for file: /usr/local/tomcat/logs/localhost.2020-08-10.log
2020-08-12T01:32:29.313-0400    INFO    cfgfile/reload.go:235   Loading of confi
g files completed.
2020-08-12T01:32:29.314-0400    INFO    log/harvester.go:297    Harvester starte
d for file: /usr/local/tomcat/logs/localhost.2020-08-11.log
2020-08-12T01:32:29.315-0400    INFO    log/harvester.go:297    Harvester starte
d for file: /usr/local/tomcat/logs/manager.2020-08-10.log
2020-08-12T01:32:29.316-0400    INFO    log/harvester.go:297    Harvester starte
d for file: /usr/local/tomcat/logs/catalina.2020-08-10.log
2020-08-12T01:32:29.316-0400    INFO    log/harvester.go:297    Harvester starte
d for file: /usr/local/tomcat/logs/manager.2020-08-11.log
2020-08-12T01:32:30.317-0400    INFO    pipeline/output.go:95   Connecting to ba
ckoff(async(tcp://localhost:5044))
2020-08-12T01:32:32.129-0400    ERROR   pipeline/output.go:100  Failed to connec
t to backoff(async(tcp://localhost:5044)): dial tcp [::1]:5044: connect: connect
ion refused
2020-08-12T01:32:32.129-0400    INFO    pipeline/output.go:93   Attempting to re
connect to backoff(async(tcp://localhost:5044)) with 1 reconnect attempt(s)
2020-08-12T01:32:34.836-0400    ERROR   pipeline/output.go:100  Failed to connec
t to backoff(async(tcp://localhost:5044)): dial tcp 127.0.0.1:5044: connect: con
nection refused
2020-08-12T01:32:34.836-0400    INFO    pipeline/output.go:93   Attempting to re
connect to backoff(async(tcp://localhost:5044)) with 2 reconnect attempt(s)
^[a
```

图5-30 启动Filebeat

第六步：下载logstash.tar.gz并进行解压安装，如图5-31所示。

```
#解压
tar -zxvf logstash-7.6.2.tar.gz
#重命名
mv logstash-7.6.2 logstash
```

```
[root@192 Desktop]# tar -zxvf  logstash-7.6.2.tar.gz
logstash-7.6.2/
logstash-7.6.2/tools/
logstash-7.6.2/bin/
logstash-7.6.2/config/
logstash-7.6.2/logstash-core/
logstash-7.6.2/logstash-core-plugin-api/
logstash-7.6.2/CONTRIBUTORS
logstash-7.6.2/NOTICE.TXT
logstash-7.6.2/lib/
logstash-7.6.2/Gemfile
logstash-7.6.2/Gemfile.lock
logstash-7.6.2/LICENSE.txt
logstash-7.6.2/modules/
logstash-7.6.2/data/
logstash-7.6.2/x-pack/
logstash-7.6.2/vendor/
logstash-7.6.2/vendor/bundle/
logstash-7.6.2/vendor/jruby/
logstash-7.6.2/vendor/jruby/bin/
logstash-7.6.2/vendor/jruby/BSDL
logstash-7.6.2/vendor/jruby/samples/
```

图5-31　下载logstash.tar.gz

第七步：在Logstash服务器上配置接收Filebeat输入的日志配置。

```
cd /usr/local/logstash/
vim config/logstash.yml
```

第八步：输入源定义为beats的TCP端口接收，输出源定义为控制台输出。

```
input {
    # to do
    beats {
        port => 5044
    }
}
filter {
    grok {
        match => [
                "message", "(?<timestamp>[\S]+ [\S]+) (?<level>[\S]+) \[(?<thread>[\S]+)\]
```

```
(?<class>[\S]+) (?<info>[\S\s]*)"
            ]
        }
    }
    output {
        stdout{
            codec => rubydebug
        }
    }
```

第九步：控制台启动Logstash，运行结果如图5-32所示。

```
cd /usr/local/logstash/bin/
./logstash --path.settings /usr/local/logstash/config/ -f /usr/local/logstash/config/logstash-tomcat.conf
```

```
[root@192 bin]# ./logstash --path.settings /usr/local/logstash/config/ -f /usr/l
ocal/logstash/config/logstash-tomcat.conf
OpenJDK 64-Bit Server VM warning: If the number of processors is expected to inc
rease from one, then you should configure the number of parallel GC threads appr
opriately using -XX:ParallelGCThreads=N
Sending Logstash logs to /usr/local/logstash/logs which is now configured via lo
g4j2.properties
[2020-08-12T01:54:29,471][WARN ][logstash.config.source.multilocal] Ignoring the
 'pipelines.yml' file because modules or command line options are specified
[2020-08-12T01:54:29,712][INFO ][logstash.runner          ] Starting Logstash {"
logstash.version"=>"7.6.2"}
```

图5-32　启动Logstash

打开浏览器，输入localhost：9600，效果如图5-33所示。

图5-33　浏览器中的输出结果

不停刷新浏览器，效果如图5-34所示。

```
[2020-08-19T22:31:08,201][INFO ][logstash.agent           ] Successfully started Logstash AP
I endpoint {:port=>9600}
/usr/local/logstash/vendor/bundle/jruby/2.5.0/gems/awesome_print-1.7.0/lib/awesome_print/for
matters/base_formatter.rb:31: warning: constant ::Fixnum is deprecated
{
           "host" => {
        "architecture" => "x86_64",
            "hostname" => "192.168.168.132",
                  "os" => {
                "family" => "redhat",
                  "name" => "CentOS Linux",
              "platform" => "centos",
               "version" => "7 (Core)",
              "codename" => "Core",
                "kernel" => "3.10.0-693.el7.x86_64"
            },
                "name" => "192.168.168.132",
                  "id" => "a4e65867ead449939c30b41d29317fb3",
        "containerized" => false
    },
            "ecs" => {
        "version" => "1.4.0"
    },
           "tags" => [
        "beats input codec plain applied"
    ],
     "@timestamp" => 2020-08-20T02:05:51.293Z,
      "timestamp" => "12-Aug-2020 03:59:50.308",
        "message" => "12-Aug-2020 03:59:50.308 INFO [localhost-startStop-2] org.apache.catali
na.core.ApplicationContext.log SessionListener: contextDestroyed()",
```

图5-34 Logstash采集到的信息

1. Filebeat简介

Filebeat是一个基于Go语言开发的轻量级日志传送工具,能够转发和收集本地文件的日志数据,将指定的日志数据转发到Logstash、Elasticsearch、Kafka、Redis等中间件或接收器中进行操作,如再次转发、保存等。并且Filebeat占用资源少、安装配置简单,被各类主流操作系统及Docker平台支持。

另外,Filebeat还是Beats轻量级日志采集器中的一员,通过选择不同的Beats采集器可以实现多种类型日志数据的收集,Beats包含的其他采集器如下:

- Packetbeat:收集网络流量数据。
- Metricbeat:收集系统、进程和文件系统级别的CPU和内存使用情况等数据。
- Winlogbeat:收集Windows事件日志数据。
- Auditbeat:收集审计数据。
- Heartbeat:收集系统运行时的数据。

2. Filebeat和Logstash的关系

在早期的ELK架构中,使用Logstash进行日志的收集和解析,但对内存、CPU、I/O等资源消耗较大。为了解决Logstash资源消耗的问题,其开发者重新开发了一个功能较小、资源消耗也小的logstash-forwarder,随后该开发者加入Elastic公司,最后将其更名为Filebeat,相比Logstash,Filebeat更轻量占用资源更少,并且Filebeat配置文件简单、格式明了,非常适合安装在生产机器上。

3. Filebeat架构

Filebeat的构成非常简单,主要包含Prospector(探测器)和Harvester(收集器)两个组件。Filebeat架构如图5-35所示。

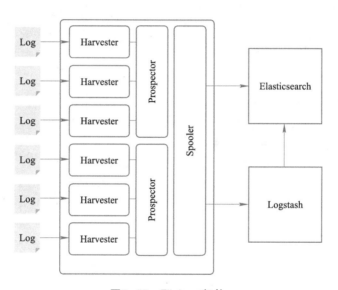

图5-35　Filebeat架构

其中,Harvester负责读取单个文件的内容。在使用Filebeat进行信息采集时,会为每个文件启动一个Harvester,之后Harvester会逐行读取每个文件的内容并将其发送到output中。在这个过程中,Harvester还会负责文件的打开和关闭,也就是说,只要Harvester在运行,文件就会保持打开状态,即使对文件进行删除或重命名等操作,Filebeat依然会继续对这个文件进行读取,直到Harvester关闭。默认情况下,Filebeat会一直保持文件的开启状态,直到超过设定时间,才会关闭Harvester。但需要注意的是,如果Harvester被关闭,会产生一系列问题:

1)文件处理程序关闭,释放底层资源。

2)只有在scan_frequency结束之后,才会再次启动文件的收集。

3)当文件被移动或删除时,该文件的收集将不会继续。

而Prospector主要负责对Harvester的管理,并找到所有需要进行读取的数据源。如果

Prospector被设置为log类型,则Prospector会去指定的路径下查找所有能匹配上的文件,然后为每一个文件创建一个Harvester。

目前,Filebeat支持两种Prospector类型,分别是log和stdin。每个Prospector类型可以在配置文件中定义多个。

4．Filebeat工作流程

当Filebeat程序被开启时,会启动一个或多个Prospector对指定的日志目录或文件进行检测,之后对探测出的每个日志文件启动一个Harvester对文件的内容进行读取并将这些日志数据发送到后台处理程序,后台处理程序会集合这些事件,最后发送集合的数据到output指定的目的地。Filebeat工作流程如图5-36所示。

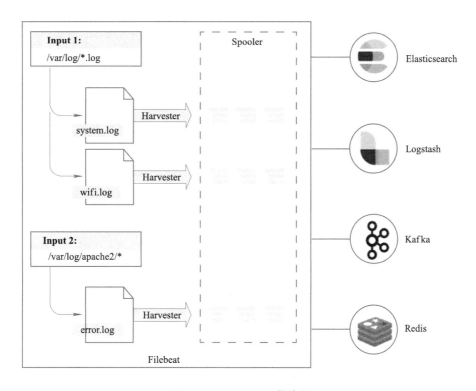

图5-36　Filebeat工作流程

5．基本命令

Filebeat提供了一个命令行界面,在该界面通过基本命令即可实现Filebeat启动和常见任务执行,例如,测试配置文件和管理已配置的模块等,Filebeat常用的基本命令如下:

- export：将配置、索引模板、ILM策略导出到标准输出。
- help：显示任何命令的帮助。
- keystore：管理密钥库。

- modules：管理已配置的模块。
- run：运行Filebeat。
- setup：设置初始环境，包括索引模板、ILM策略和写别名以及机器学习作业等。
- test：测试配置。
- version：查看当前版本的信息。

6. Filebeat.yml配置属性

使用Filebeat采集数据需要编写相对应的filebeat.yml配置文件，在该配置文件中可以定义文件读取位置、输出流的位置、对应主机名称等信息，常用配置属性如下：

- type：输入类型。
- enable：类型配置是否生效。
- paths：定义了日志文件路径，可以采用模糊匹配模式。
- encoding：定义被监控的文件的编码类型，使用plain和utf-8都可以处理中文日志。
- harvester_buffer_size：每个harvester在获取文件时使用的缓冲区包含字节大小。
- max_bytes：单个日志消息的最大字节数。
- close_inactive：在指定时间没有被读取，将关闭文件。
- close_rename：如果文件被重命名和移动，则关闭文件。
- close_removed：当文件被删除时，关闭文件。
- clean_removedclose_eof：当读取只写一次日志的文件时，关闭文件。
- close_timeout：harvester预定义时间，不管这个文件是否被读取，达到设定时间后，将被关闭。
- clean_inactived：从注册表文件中删除先前收获的文件的状态。
- scan_frequency：prospector检查新文件的频率，默认10s。
- fields：topic对应的消息字段或自定义增加的字段。
- output.kafka：输出位置为kafka。
- enabled：当前模块的状态。
- topic：指定要发送数据给kafka集群的哪个topic，若指定的topic不存在，则会自动创建此topic。

- version：指定kafka的版本。
- drop_fields：舍弃字段。
- name：收集日志中对应主机的名字，建议name设置为IP，便于区分多台主机的日志信息。

拓展任务

使用Windows环境下的Tomcat、Filebeat以及Logstash进行日志数据采集。任务思路如下：

（1）在Windows环境下安装Tomcat

（2）检查Windows环境下是否有Java JDK

（3）使用Filebeat在Windows环境下的配置

（4）使用Logstash进行日志数据的采集

任务总体评价

通过学习以上任务，看看自己是否掌握了以下技能，在技能检测表中标出已掌握的技能。

评价标准	个人评价	小组评价	教师评价
能够检查Linux环境下的Java SDK			
能够成功安装Tomcat			
能够使用Filebeat和Logstash完成日志数据的采集			

备注：A为能做到　B为基本能做到　C为部分能做到　D为基本做不到

练习题

一、填空题

1. Tomcat是Apache软件基金会推出的一个免费开源的_____容器。

2．Tomcat作为一个轻量级的Web服务器，它能够承载_____程序。

3．Filebeat是一个基于_____语言开发的轻量级日志传送工具。

4．Filebeat的构成非常简单，主要包含_____和_____两个组件。

5．使用Filebeat采集数据需要编写相对应的_____配置文件。

二、单项选择题

1．下列（　　）不是Tomcat特点。

  A．占用系统资源大   B．扩展性好

  C．支持负载平衡   D．支持邮件服务

2．以下不属于Tomcat安装目录的是（　　）。

  A．bin   B．conf   C．logs   D．webapp

3．tail中，参数及对应作用错误的是（　　）。

  A．-f：循环读取

  B．-s，--sleep-interval=S与-f合用，表示在每次反复的间隔休眠S秒

  C．-v：从不输出给出文件名的首部

  D．-q：不显示处理信息

4．Tomcat每个类别的日志又被分为（　　）个日志等级。

  A．6   B．7   C．8   D．9

5．下列基本命令中，用于运行Filebeat的是（　　）。

  A．run   B．setup   C．export   D．test

三、简答题

1．Tomcat的默认端口是什么？

2．将Tomcat作为一个Windows服务运行会带来哪些好处？

3．Tomcat的工作模式有哪些？

Project 6

项目 ⑥
JavaScript埋点式数据采集

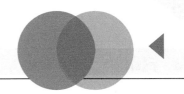

项目情境

经理：小张，JavaScript埋点式数据采集你知道吗，公司最近有一个相关的项目，希望你能参与进来。

小张：经理，经过查阅资料，发现数据采集有很多方法，必须要用JavaScript埋点式采集吗？

经理：这你可能不知道，JavaScript埋点可以面向用户，抓取用户的行为信息，对于电商平台是十分有用的。

小张：哦，原来是这样。

经理：抓紧时间学习一下吧，先了解JavaScript埋点式采集的概念，时间要快。

小张：好的，没问题。

经理：学习过程中，最好通过1、2个案例来让我看看效果。

小张：好的。

小张和经理谈完话后，开始学习JavaScript埋点信息采集，并打算通过Apache httpd搭建服务器，使用Logstash来采集，搭建Web项目采集平台，于是有了如下打算：

步骤一：学习JavaScript埋点式信息采集。

步骤二：使用Apache httpd搭建服务器，编写JavaScript项目。

步骤三：使用Nginx部署埋点，并采集信息。

步骤四：使用Logstash完成信息的采集。

学习目标

【知识目标】

- 了解什么是Web服务器
- 了解什么是Cookie技术
- 掌握数据收集的原理
- 掌握数据收集的实现流程
- 了解什么是埋点式采集
- 掌握代码埋点的原理和实现
- 了解全埋点的原理和实现
- 了解可视化埋点的原理
- 掌握httpd服务器的搭建
- 掌握Nginx服务器的搭建
- 掌握各种埋点的部署

【技能目标】

- 能够掌握Apache httpd的相关操作
- 能够掌握Web的部署
- 能够掌握3种埋点之间的区别
- 能够掌握Nginx部署埋点的方法
- 能够掌握埋点式数据采集的实现方法
- 能够掌握埋点式数据采集的原理

任务1　初识JavaScript埋点式数据采集

任务描述

本任务是实现JavaScript埋点式数据采集，主要通过Apache httpd和Logstash来实现网页的实时采集，通过页面中的SDK发送信息，再由Logstash将发送的请求采集，将采集到的日志保存为数据集文件。本次实验的思路如下：

（1）将提供的Web App部署到httpd Apache服务器上面

（2）使用浏览器打开端口，运行Web

（3）使用Logstash采集日志，将日志保存

扫码看视频

任务步骤

第一步：打开Apache官网（http://httpd.Apache.org/），效果如图6-1所示。

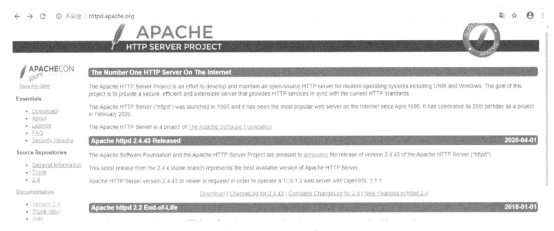

图6-1　Apache官网

第二步：单击主页中的"下载"，效果如图6-2所示。

Apache httpd 2.4.43 Released

The Apache Software Foundation and the Apache HTTP Server Project are pleased to announce the release of version 2.4.43 of the Apache HTTP

This latest release from the 2.4.x stable branch represents the best available version of Apache HTTP Server.

Apache HTTP Server version 2.4.43 or newer is required in order to operate a TLS 1.3 web server with OpenSSL 1.1.1.

Download | ChangeLog for 2.4.43 | Complete ChangeLog for 2.4 | New Features in httpd 2.4

图6-2　下载界面

第三步：选择Windows版本下载，效果如图6-3所示。

Apache HTTP Server 2.4.43 (httpd): 2.4.43 is the latest available version

The Apache HTTP Server Project is pleased to announce the release of version 2.4.43 of the Apache HTTP Server ("Ap release of the new generation 2.4.x branch of Apache HTTPD and represents fifteen years of innovation by the project, a

For details, see the Official Announcement and the CHANGES_2.4 and CHANGES_2.4.43 lists.

- Source: httpd-2.4.43.tar.bz2 [PGP] [SHA256]
- Source: httpd-2.4.43.tar.gz [PGP] [SHA256] ——→ Linux版本下载
- Binaries
- Security and official patches
- Other files ——→ 历史版本
- Files for Microsoft Windows ——→ Windows版本

图6-3　选择版本

第四步：选择"Apache 2.4 VC15"版本，单击下载，如图6-4所示。

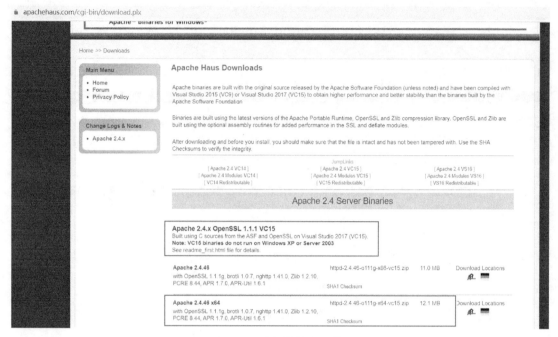

图6-4 选择并单击下载

第五步：下载安装包，解压缩文件到想放的位置，解压完成后的效果如图6-5所示。

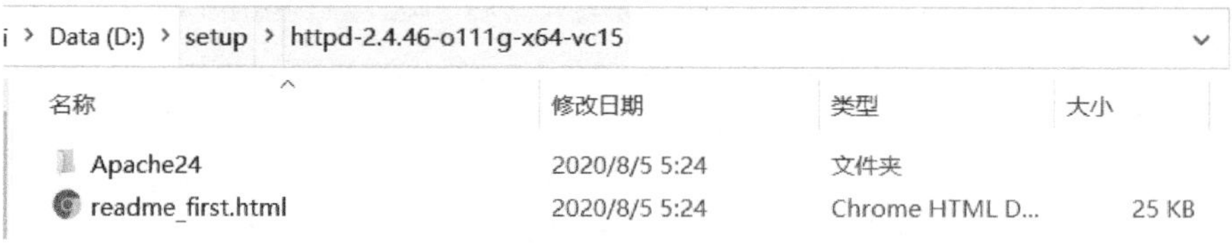

图6-5 解压文件

第六步：打开httpd.conf文件（文件在httpd-2.4.46-o111g-x64-vc15\Apache24下），配置Apache服务器，如图6-6所示。

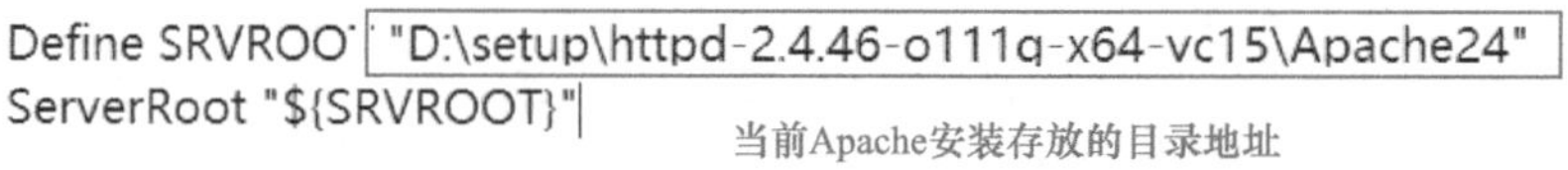

图6-6 修改安装路径

第七步：修改端口，若80端口被占用（可在cmd下用命令netstat -ano | findstr 80 查看是否被占用），需要修改为别的端口，如果未被占用可跳过此步，如图6-7所示。

第八步：修改项目地址，修改DocumentRoot、Directory，将它们指向包含js-sdk的文件夹，如图6-8所示。

```
# Change this to Listen on specific IP addresses as shown below to
# prevent Apache from glomming onto all bound IP addresses.
#
#Listen 12.34.56.78:80
Listen 8099
#
```

图6-7　修改端口

```
# DocumentRoot: The directory out of which you will serve your
# documents. By default, all requests are taken from this directory, but
# symbolic links and aliases may be used to point to other locations.
#
DocumentRoot "D:/bigdata-project/js-sdk/webapp"
<Directory "D:/bigdata-project/js-sdk/webapp">
```

图6-8　修改项目地址

第九步：安装Apache的主服务，打开cmd窗口，输入如下命令，运行成功效果如图6-9所示。

```
httpd –k install
```

说明：此命令需要使用管理员身份进行安装。

```
Suggestion [3,General]: 找不到命令 httpd，但它确实存在于当前位置。默认情况下，Windows PowerShell 不会从当前位置加载命令。如果信任此命令，请改为键入 ".\httpd"。有关详细信息，请参阅 "get-help about_Command_Precedence"。
PS D:\Apache\Apache24\bin> .\httpd -k install
Installing the 'Apache2.4' service
The 'Apache2.4' service is successfully installed.
Testing httpd.conf....
Errors reported here must be corrected before the service can be started.
httpd.exe: Syntax error on line 39 of D:/Apache/Apache24/conf/httpd.conf: ServerRoot must be a valid directory
PS D:\Apache\Apache24\bin>
```

图6-9　安装服务

第十步：运行httpd文件，在bin目录中找到httpd.exe文件，双击运行。运行成功以后，使用浏览器打开https://localhost:8099（端口需要修改为实际配置的端口），出现如图6-10所示的结果，即为部署成功。

测试埋点,刷新本页面即可收集数据。

图6-10　运行结果

第十一步：在Logstash的bin目录下，新建一个conf文件，保存文件名为Logstash-httpJS-csv.conf，写入如下配置。

```
input {
    http {
        port => 5043
        response_headers => {
            "Access-Control-Allow-Origin" => "*"
            "Content-Type" => "text/plain"
            "Access-Control-Allow-Headers" => "Origin, X-Requested-With, Content-Type, Accept"
        }
    }
}
filter {
    urldecode{
        field => headers
    }
    grok {
        match => [
            # /?args=domain=127.0.0.1&title=js-sdk&referrer=&sh=768&sw=1366&cd=24&lang=zh-CN&account=Web-uuid
            "[headers][request_path]", "/\?args=domain=(?<domain>[^&]*)&title=(?<title>[^&]*).*"
        ]
    }
}

output {
    csv {
        path => "E:\Server\elk\output\js-sdk-file.csv"
        fields => ["domain" ,"title"]
        csv_options => {"col_sep" => "    "}
    }
    stdout{
        codec => rubydebug
    }
}
```

第十二步：将csv中的path修改为自己硬盘中指定的位置，如图6-11所示。

第十三步：进入Logstash的bin目录下，运行如下命令，出现如图6-12所示的结果即为运行成功。

```
logstash -f logstash-httpJS-csv.conf
```

```
input {
  http {
    port => 5043
    response_headers => {
      "Access-Control-Allow-Origin" => "*"
      "Content-Type" => "text/plain"
      "Access-Control-Allow-Headers" => "Origin, X-Requested-With, Content-Type, Accept"
    }
  }
}

filter {
  urldecode{
    field => headers
  }
  grok {
    match => [
      # /?args=domain=127.0.0.1&title=js-sdk&referrer=&sh=768&sw=1366&cd=24&lang=zh-CN&account=web-uuid
      "[headers][request_path]", "/\?args=domain=(?<domain>[^&]*)&title=(?<title>[^&]*).*"
    ]
  }
}

output {
        csv {
            path => "D:\Server\elk\output\js-sdk-file.csv"
            fields => ["domain","title"]
            csv_options => {"col_sep" => "   "}
        }
  stdout{
    codec => rubydebug
  }
}
```

图6-11 修改保存数据集的路径

图6-12 采集程序运行成功

第十四步：刷新浏览器界面，出现如图6-13所示的结果即为采集成功。

打开数据集，结果如图6-14所示。

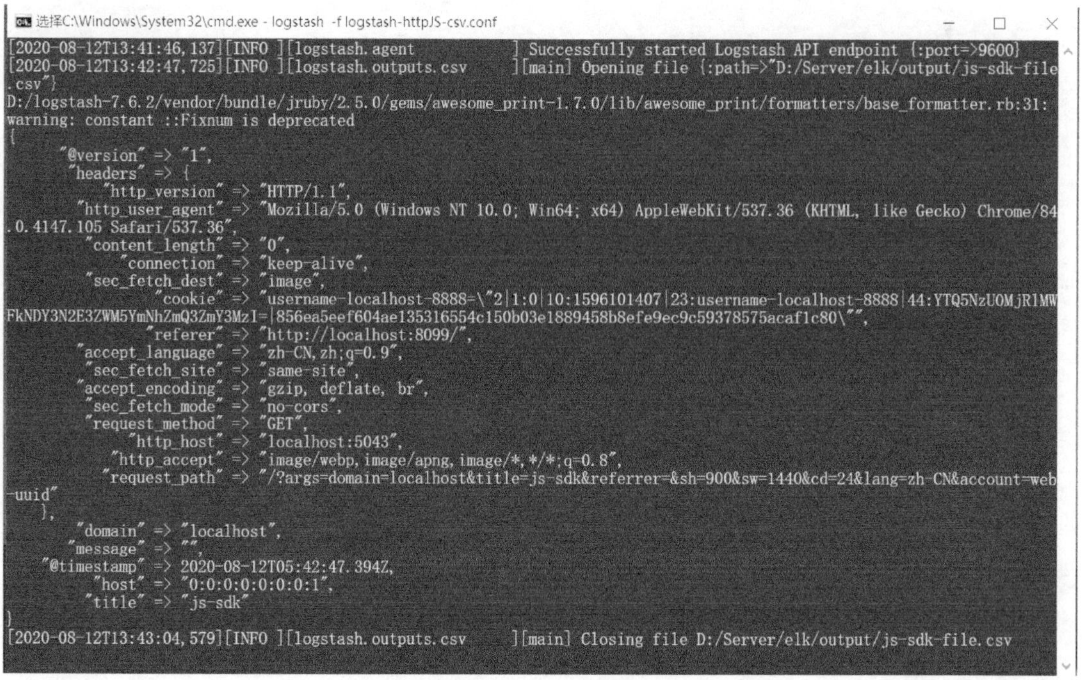

图6-13 日志采集成功

	A	B	C
1	localhost	js-sdk	
2	localhost	js-sdk	
3	localhost	js-sdk	
4	localhost	js-sdk	
5	localhost	js-sdk	
6	localhost	js-sdk	
7	localhost	js-sdk	
8	localhost	js-sdk	
9	localhost	js-sdk	
10	localhost	js-sdk	
11	localhost	js-sdk	
12	localhost	js-sdk	
13	localhost	js-sdk	
14	localhost	js-sdk	
15	localhost	js-sdk	

图6-14 采集日志的数据集

知识储备

1．Web简介

（1）Web服务器

Web服务器一般指网站服务器，可将网站的资源部署在Web服务器上让用户访问，它也是指驻留于互联网上某种类型计算机的程序，可以处理浏览器等Web客户端的请求并返回相应响应。不仅如此也可以放置网站文件、数据文件，让全世界浏览和下载。目前主流的三个Web服务器是Apache、Nginx、IIS。以下是对三种服务器的简介。

- Apache

Apache（音译为阿帕奇）是世界使用排名第一的Web服务器软件。它可以运行在几乎所有广泛使用的计算机平台上，由于其跨平台和安全性被广泛使用，是最流行的Web服务器软件之一。它快速、可靠并且可通过简单的API扩充，将Perl/Python等解释器编译到服务器中。它的图标如图6-15所示。

- Nginx

Nginx（Engine x）是一个高性能的HTTP和反向代理Web服务器，同时也提供了IMAP/POP3/SMTP服务。Nginx是由伊戈尔·赛索耶夫为俄罗斯访问量第二的Rambler.ru站点开发的，第一个公开版本0.1.0发布于2004年10月4日。

Nginx是一款轻量级的Web服务器/反向代理服务器及电子邮件（IMAP/POP3）代理服务器，在BSD-like协议下发行。其特点是占有内存少，并发能力强。事实上Nginx的并发能力在同类型的网页服务器中表现较好，我国使用Nginx网站的用户有：百度、京东、新浪、网易、腾讯、淘宝等。Nginx的图标如图6-16所示。

图6-15　Apache服务器

图6-16　Nginx服务器

- IIS

IIS是一个支持HTTP和FTP发布服务的Web服务器。IIS 7.0通过支持灵活的可扩展模型来实现强大的定制功能，通过安装和运行特征加强安全。IIS 7.0还可以让那些在其中负责Web应用程序或服务的人来代理权限，通过选择性地安装和运行特性增强安全性。IIS 7.0的可扩展性包括一个全新的核心服务器API集合，这使得特性模块可以用本机代码（C/C++）或托管代码开发。IIS 7.0还启用了配置、脚本、事件日志和管理工具特性集的可扩展性，向软件开发者提供了一个完备的服务器平台，开发者可以在该平台上建立Web服务器扩展模块。IIS服务器的图标如图6-17所示。

图6-17　IIS服务器

（2）Cookie技术

Cookie，有时也用其复数形式Cookies。类型为"小型文本文件"，是某些网站为了辨别用户身份，进行Session跟踪而储存在用户本地终端上的数据（通常经过加密），由用户客户端计算机暂时或永久保存的信息。而在数据采集时，通过Cookie去保存数据，接着使用JavaScript的SDK去读取Cookie从而实现数据的采集。Cookie也可以用来解决跨域的问题，使用Cookie辨别用户身份的功能。

2．数据收集基础

网站数据统计分析工具是网站站长和运营人员经常使用的一种工具，比较常用的有谷歌分析、百度统计和腾讯分析等。所有这些统计分析工具的第一步都是进行网站访问数据的收集。目前主流的数据收集方式基本都是基于JavaScript的，就是所谓的JavaScript埋点采集。百度分析界面如图6-18所示。

（1）数据收集原理

简单来说，网站统计分析工具需要收集用户浏览目标网站的行为（如打开某网页、单击某按钮、将商品加入购物车等）及行为附加数据（如某下单行为产生的订单金额等）。早期的网站统计往往只收集一种用户行为——页面的打开，而后用户在页面中的行为均无法收集。这种收集策略能满足基本的流量分析、来源分析、内容分析及访客属性等常用分析视角，但是，随着Ajax技术的广泛使用及电子商务网站对于电子商务目标的统计分析的需求越来越强烈，这种传统的收集策略已经显得力不能及。

后来，Google在其产品谷歌分析中创新引入了可定制的数据收集脚本，用户通过谷歌分析定义好的可扩展接口，只需编写少量的JavaScript代码就可以实现对自定义事件和自定义指标的跟踪和分析。

两种数据收集模式的基本原理和流程是一致的，只是后一种通过JavaScript收集到了更多信息。

图6-18　百度分析界面

（2）数据收集的实现流程

通过一幅图总体看一下数据收集的基本流程，如图6-19所示。

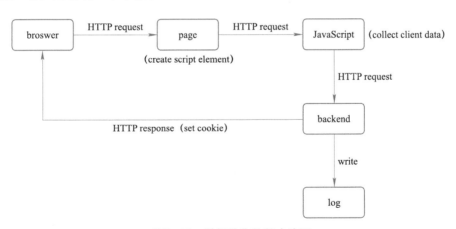

图6-19　数据收集的基本流程

首先，用户的行为会触发浏览器对被统计页面的一个HTTP请求，这里姑且先认为行为就是打开网页。当网页被打开，页面中的埋点JavaScript片段会被执行，用过相关工具的朋友应该知道，一般网站统计工具都会要求用户在网页中加入一小段JavaScript代码，这个代码片段一般会动态创建一个script标签，并将src指向一个单独的JavaScript文件，此时这个单独的JavaScript文件（图6-19中JavaScript节点）会被浏览器请求到并执行，这个JavaScript往往就是真正的数据收集脚本。数据收集完成后，JavaScript会请求一个后端的数据收集脚本（图6-19中的backend），这个脚本一般是一个伪装成图片的动态脚本程序，可能由PHP、Python或其他服务端语言编写，JavaScript会将收集到的数据通过HTTP参数的方式传递给后端脚本，后端脚本解析参数并按固定格式记录到访问日志，同时可能会在HTTP响应中给客户端种植一些用于追踪的cookie。

3．埋点概述

埋点就是定点，定时采集数据，跟踪用户行为，给后续的产品优化和用户运营提供数据支持。

在大数据时代，从庞大的数据背后挖掘和分析用户的行为习惯和喜好，从而根据用户的"口味"提供产品和服务。而"埋点"就是为这些数据的采集和分析而生的。所谓埋点，就像公路上的摄像头，可以采集到车辆的属性（颜色、车牌号、车型），还可以采集到车辆的行为（有没有闯红灯，有没有压线，车速多少，司机有没有在驾驶中接听电话），通过叠加不同位置的摄像头所采集的信息，可以还原出某一辆车的路径、目的地，甚至推测出司机的开车习惯。埋点采集的流程如图6-20所示。

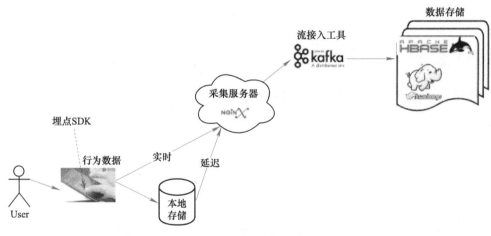

图6-20　埋点采集的流程

埋点式采集数据的方式又可以根据埋点位置的不同分为前端埋点和后端埋点。前端埋点是在用户端（APP、Web、客户端）等嵌入数据采集代码，就可以对网页的访问数据进行采集。

而前端埋点的实现就是JavaScript埋点，通过JavaScript埋点能方便收集到用户在界面上的行为数据，比如用户单击了哪个按钮、页面之间的跳转次序、停留时长等，对于电商企业这些数据是非常重要的。

JavaScript埋点采集的出现解决了从前端采集数据的问题，对电商网站的用户行为监测、前端性能优化有着重要的意义。

4．JavaScript埋点的基本用法

JavaScript埋点都是要嵌入SDK，在HTML的<head>标签部分嵌入SDK，并调用SDK

完成初始化操作。下面这段代码就是一个JavaScript埋点片段，用来初始化SDK的代码如下：

```
var _maq = _maq || [];
_maq.push(['_setAccount', 'Web-uuid']);
(function () {
    var ma = document.createElement('script');
    ma.type = 'text/Javascript';
    ma.async = true;
    ma.src = "http://localhost:8099/js/ma.js";
    var s = document.getElementsByTagName('script')[0];
    s.parentNode.insertBefore(ma, s);
})();
```

这段代码会动态创建一个script标签，并将src属性指向一个单独的JavaScript文件，此时这个单独的JavaScript文件会被浏览器请求到并执行，这个JavaScript往往就是真正的数据收集脚本。

数据收集完成后，JavaScript会请求一个后端的数据收集脚本，这个脚本一般是一个伪装成图片的动态脚本程序，JavaScript会将收集到的数据通过HTTP参数的方式传递给后端脚本，后端脚本解析参数并按固定格式记录到访问日志，同时可能会在HTTP响应中给客户端种植一些用于追踪的cookie。

任务2　JavaScript埋点采集用户网页浏览日志

任务描述

本任务主要通过JavaScript埋点和Nginx服务器来实现数据的采集，使用Logstash实现数据的提取和过滤，以及输出。本任务的思路如下：

（1）安装Nginx服务器，并搭建可访问的本地服务环境

（2）编写JavaScript采集埋点代码并运行服务

（3）使用Logstash读取Nginx产生的网页访问日志并过滤输出

扫码看视频

任务步骤

第一步：打开Nginx官网（https://www.nginx.com/），效果如图6-21所示。

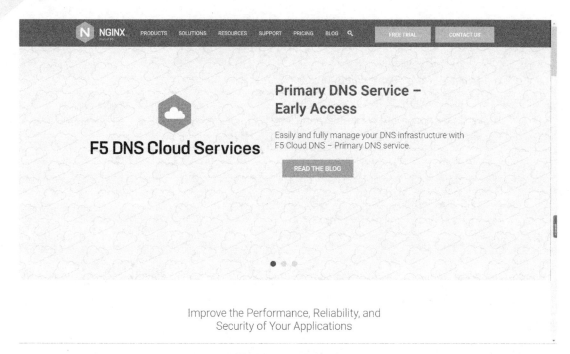

图6-21 Nginx官网

第二步：单击服务器，选择需要的版本进行下载。这里选择Windows的稳定版本进行下载，单击蓝色链接可以直接进入下载，如图6-22所示。

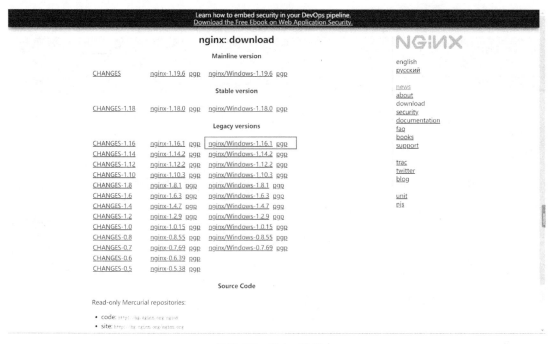

图6-22 Nginx的版本

第三步：解压文件。Nginx是不需要进行安装的，下载成功以后解压就可以直接进行使用。将下载好的文件复制到系统盘的安装目录中并解压文件，解压后的目录如图6-23所示。

名称	修改日期	类型	大小
conf	2019/8/13 21:42	文件夹	
contrib	2019/8/13 21:42	文件夹	
docs	2019/8/13 21:42	文件夹	
html	2019/8/13 21:42	文件夹	
logs	2019/8/13 21:42	文件夹	
temp	2019/8/13 21:42	文件夹	
nginx	2019/8/13 21:42	应用程序	3,611 KB

图6-23　Nginx解压后的目录

第四步：运行Nginx，解压完成后在Nginx的目录中按<Shift>键同时右击，然后单击控制台，输入"start nginx"命令启动，如图6-24所示。

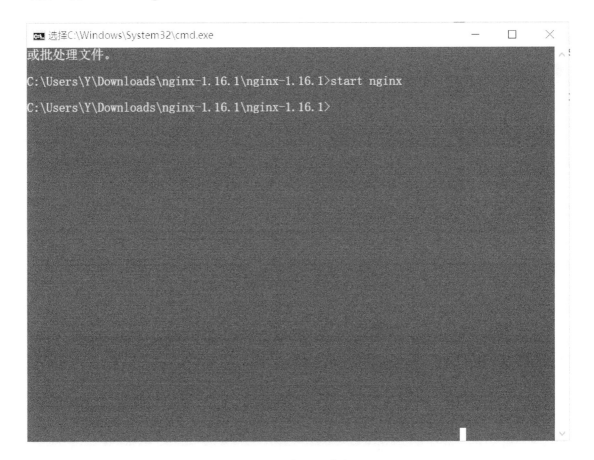

图6-24　启动Nginx命令执行

此时在浏览器中输入localhost:80，出现如图6-25所示的结果即为成功。

第五步：分析任务原理，对本任务过程进行分析，构建出如图6-26所示的流程结构。

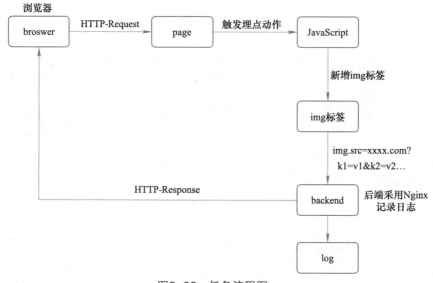

图6-25 成功运行Nginx文件

图6-26 任务流程图

分析：

1）在采集数据的网页上进行埋点（编写一小段JavaScript用于动态生成img标签，然后加入DOM页面中，利用该标签将参数请求至服务器中）。

2）通过img标签的src属性可以解决跨域问题，将图片数据传递给后端服务器。

第六步：编写JavaScript代码进行埋点。这段JavaScript代码主要用于动态生成img标签，然后加入DOM页面中，利用该标签将参数请求至服务器中。新建一个JavaScript文件，写入代码如下：

```
//请求指定IP的log.gif地址
function logOperate(params){
    var args = '';
```

```
        for(var i in params) {
            if(args != '') {
                args += '&';
            }
            args += i + '=' + encodeURIComponent(params[i]);
        }
        var img = new Image(1, 1);
        img.src = 'http://127.0.0.1/log.gif?' + args;
    }
```

第七步：执行脚本，编写HTML代码，引用脚本，新建一个HTML文件，写入代码如下：

```
<!DOCTYPE html>
<html lang="zh">
<head>
    <meta charset="UTF-8">
    <meta name="viewport" content="width=device-width, initial-scale=1.0">
    <title>埋点采集数据</title>
</head>
<body>
    <script src="index.js"></script>
    <script>
        alert("开始采集");
    </script>
</body>
</html>
```

第八步：部署埋点，将写好的HTML文件和JavaScript文件复制到Nginx目录下的html文件夹中，如图6-27所示。

名称	修改日期	类型	大小
50x	2019/8/13 20:51	Chrome HTML Doc...	1 KB
index	2020/12/28 11:06	Chrome HTML Doc...	1 KB
index	2020/12/28 10:41	JavaScript 文件	1 KB

图6-27 部署埋点

第九步：配置Nginx服务器，找到Nginx目录文件夹下的"conf"文件，并修改配置如下：

```
user    Nginx;
worker_processes    1;
```

```
error_log     /logs/error.log warn;
pid           /logs/Nginx.pid;
events {
    worker_connections   1024;
}
http {
    include       mime.types;
    default_type  application/octet-stream;
    #日志采用|分隔符
    log_format   main   '$remote_addr|$msec|$http_user_agent|$k1|$k2';
    access_log off;
    sendfile        on;
    #连接持有时间
    keepalive_timeout   5;
    #gzip  on;
    server {
        listen       80;
        server_name   127.0.0.1;
            #拦截/log.gif路径,并且只针对这个路径才采集日志
        location /log.gif {
                #日志记录位置且采用main格式
            access_log /logs/access.log main;
                #返回类型
            default_type image/gif;
                #获取请求参数值格式为[$arg_argname],以便于日志格式解析。
            set $k1 $arg_k1;
            set $k2 $arg_k2;
            #设置返回前端时不需要缓存
            add_header Expires "Fri, 01 Jan 1980 00:00:00 GMT";
            add_header Pragma "no-cache";
            add_header Cache-Control "no-cache, max-age=0, must-revalidate";
            #返回一个1×1的空gif图片
            empty_gif;
        }
        #拦截其他所有路径,统一返回空图片。
        location / {
            default_type image/gif;
            empty_gif;
        }
    }}
```

第十步:启动服务器。使用"start nginx"命令启动服务器,因为在配置文件中配置了127.0.0.1:80地址,所以当服务开启以后可以在浏览器中输入这个地址,启动的命令操作

如图6-28所示。

图6-28 启动Nginx服务

此时访问浏览器中的127.0.0.1:80，如图6-29所示。

图6-29 启动成功

第十一步：使用Filebeat采集数据、配置Nginx服务器时，已经将日志的输出地址修改到了"logs/access.log"文件中，于是采集日志文件作为Filebeat的输入，并且输出到5044的输出端口，给Logstash作为输出。修改Filebeat.yml配置文件如下：

```
Filebeat.inputs:
– type: log
  enabled: true
  paths:
    – C:\Users\Y\Downloads\Nginx–1.16.1\Nginx–1.16.1\logs\access.log
output.Logstash:
  hosts: ["localhost:5044"]
```

接着使用命令启动Filebeat.yml，命令如下：

```
Filebeat –c Filebeat.yml
```

第十二步：使用Logstash接收和过滤数据。打开Logstash的配置文件，并修改为以下内容。

```
input {
    # to do
    beats {
        port => 5044
    }
}
filter {
    grok{
        match => {"message" => "%{IPORHOST:clientip} %{USER:ident} %{USER:auth} \[%{HTTPDATE:timestamp}\] \"%{WORD:verb} %{DATA:request} HTTP/%{NUMBER:httpversion}\" %{NUMBER:response:int} (?:-|%{NUMBER:bytes:int}) \"%{DATA:referrer}\" \"%{DATA:user_agent}\" \"%{DATA:proxy}\""}
    }
    geoip{
        source => "clientip"
    }
}
output {
    csv {
        #以数据集的方式输出到文件中
        path => " output\ Nginx_log.csv"
        fields => ["clientip","verb", "bytes"]
        csv_options => {"col_sep" => "    "}
    }
    stdout{
        codec => rubydebug
    }
}
```

接着使用命令启动Logstash便可以采集数据，启动的命令如下：

```
C:\Users\Y\Downloads\Logstash-6.8.7\Logstash-6.8.7\bin Logstash –f ../config/Logstash-sample.conf
```

1．埋点的不同实现方式

现在市面上的工具基本都提供4种方法：前端代码埋点、后端代码埋点、全埋点和可视化埋点，由于前端埋点和后端埋点都是采用代码埋点的方式，所以也可以划分为代码埋点、全埋点和可视化埋点。

（1）代码埋点

代码埋点的原理是部署完基础的SDK/JavaScript后，在需要采集数据的地方添加跟踪代码，启动的时候会初始化SDK/JavaScript，单击或触发数据采集位置的时候就会调用SDK/JavaScript对应的数据接口把数据发送出去，例如，要对某个位置的单击做埋点，也就是该按钮被单击，这个按钮对应的OnClick就会调用SDK/JavaScript提供的数据接口去发送数据。

通常来说，为了避免消耗用户的流量，一般是多条数据压缩后发送，而不是一条发一次。优点是准确度高，可以精准控制触发条件，准确统计某一事件；可以自定义很多丰富的数据传递到数据采集服务器。缺点是工作量大：需要跟踪的地方都添加对应的跟踪代码，需要埋点。

针对这个问题，国外工具普遍会提供TMS（Tag Manager System，代码管理工具），可以显著提升效率，国内还没有类似的产品。

有人说，用这个方案版本更新的代码大，容易造成混乱。其实不存在这样的问题，版本更迭根本不用对旧版本的埋点做重新部署，只有放弃旧版本框架，完全重写一个的时候需要重新部署，当然，新增页面或需求的时候需要添加新的埋点，但是这个工作量并不算大。

另有人说，这个方案有性能影响，使用第三方SDK/JavaScript肯定会消耗内存、带宽，这是避免不了的，至于说传递数据，现在大部分的第三方都不是实时发送的，都是累计压缩数据后，等网络比较好的时候才发送数据的。

至于数据传输的不可靠，只要涉及网络，都可能会有网络延迟或丢包出现，也有很多解决方案，如加锁、重发、回调。

对于数据传输的准确度，Web能够达到99.9%，至于那0.1%是因为用户屏蔽了cookie，这个是有方法可以解决的，APP可达到100%。

（2）全埋点

全埋点有很多名称，如无埋点、自动埋点、无痕埋点等，就像字面所说，不需要埋点，已经尽可能地收集所有控件的数据，它最早在2013年由Heap提出。

全埋点的原理是SDK利用CSS选择器技术和监听控件的事件触发技术，在APP中嵌入SDK，这个SDK就会将APP中尽可能多的操作都采集下来，可以通过可视化操作界面对采集的数据做分类，基本上是先收集、后筛选，可能会出现数据噪音的情况。

它的优点是部署简单，只需部署SDK，初始化几行代码，就会自动收集数据；自动收集

数据采集技术（中级）

很多数据，能够回溯等。缺点是不能灵活自定义数据属性；收集的数据多，给网络传输带来压力，消耗用户的流量和电量，部分会涉及隐私问题等。

全埋点和可视化埋点很类似，只是它们对信息的采集和处理流程不一样，可视化埋点只处理采集的数据，而全埋点是先采集所有的数据，才选择性处理。全埋点采集的是尽可能多的数据，所以能够对数据作回溯，但是这也意味着浪费流量等资源。

在众多的增长工具中，虽然都提供了所有的埋点方式，但是代码埋点才是最常用的一种方式，在实际的应用中会出现跟踪不到、跟踪不准确、数据处理存在问题等。

（3）可视化埋点

可视化埋点是指开发者无需再对追踪点进行埋码，而是脱离代码，只需面对应用界面圈圈点点即可追加随时生效的事件数据点。将核心代码与资源配置分开，当APP启动的时候从服务端更新配置和资源，APP根据新的配置和资源上报数据，整个结构类似GTM（Google Tag Manager），配置都是在GTM进行，用户每次打开加载到的是最新的GTM配置，那么GTM上部署的触发条件有可能被触发，从而实现数据采集。

它的原理是在部署完SDK后，SDK会自动获取页面各个层级的关系，在Web是DOM结构，在APP是UI views，当可视化页面设置埋点的时候，服务器能够自动知道元素的位置，并且将这些配置保存到服务器，用户打开的时候，就会加载这些配置到客户端，当用户触发该元素的位置时，就会将相关数据发送出去。

当然它还有诸多特点，优点是部署简单，能大大节省人力成本；对于不同代码的产品和运营，可以通过可视化界面进行配置等。缺点是不灵活，不能自定义获取数据属性，部分可视化的位置可能覆盖不全，每次启动加载服务端最新的配置资源，浪费流量。

（4）埋点的三种实现方式的对比

三种JavaScript埋点采集技术的对比见表6-1。

表6-1 三种JavaScript埋点采集技术的对比

	代码埋点	全埋点	可视化埋点
采集说明	嵌入SDK 定义事件并添加事件代码	嵌入SDK	嵌入SDK 可视化选定事件
场景	业务价值为出发点的行为分析	无须采集事件 适用于活动页、登录页、关键页设计体验衡量	用户在页面的行为与业务信息关联少 页面量较多且页面元素较少 对行为数据的应用较浅

（续）

	代码埋点	全埋点	可视化埋点
优势	按需采集 业务信息更完善 对数据的分析更聚焦	简单、快捷 与代码埋点相比，开发人员 工作量较少	开发人员工作量较少
劣势	开发人员工作量大	数据准确性不高 上传数据多 消耗流量高	业务人员工作量大 缺乏对基于业务的解读

2. 埋点综合实现方案

正如同硬币有两面，任何单一的埋点方式都存在优点与缺点，企图通过简单粗暴的几行代码/一次部署、甚至牺牲用户体验的埋点方式，都不是企业所期望的。要满足精细化、精准化的数据分析需求，可根据实际需要的分析场景，选择一种或多种组合的采集方式，毕竟采集全部数据不是目的，实现有效的数据分析，从数据中找到关键决策信息体现数据分析的价值才是重中之重。

因此，数据采集只是数据分析的第一步，数据分析的目的是洞察用户行为，挖掘用户价值，进而促进业务增长，所以最理想的埋点方案是根据不同的业务和场景以及行业特性和自身实际需求，将埋点通过优劣互补方式进行组合，比如：

（1）代码埋点+全埋点

在需要对页面进行整体分析时，细节位置逐一埋点的工作量较大，且在频繁优化调整页面时，更新埋点的工作量更加不容小觑，因此，可将代码埋点作为辅助，将用户核心行为进行采集，从而实现精准的可交叉的用户行为分析。

（2）代码埋点+后端埋点

以电商平台为例，用户在支付环节，由于中途会跳转到第三方支付平台，是否支付成功需要通过服务器中的交易数据来验证，此时可通过代码埋点和服务端埋点相结合的方式，提高数据的准确性。

（3）代码埋点+可视化埋点

因代码埋点的工作量大，可通过核心事件代码埋点，并追加和补充可视化埋点的方式来采集数据。

编写一个用户登录界面，使用JavaScript埋点式采集的形式，将用户的登录日志信息采集下来。任务思路如下：

（1）编写用户登录界面

（2）将项目使用Apache部署发布

（3）使用Logstash采集信息

任务总体评价

通过学习以上任务，看看自己是否掌握了以下技能，在技能检测表中标出已掌握的技能。

评价标准	个人评价	小组评价	教师评价
能够使用httpd部署Web项目			
能够成功触发埋点			
能够成功在Nginx服务端部署埋点			
能够成功使用Logstash对埋点的数据进行采集			

备注：A为能做到　B为基本能做到　C为部分能做到　D为基本做不到

练习题

一、填空题

1. 埋点式采集数据的方式又可以根据埋点位置的不同分为_____和_____。

2. JavaScript埋点都是要嵌入_____，在HTML的_____标签部分嵌入SDK，并调用SDK完成初始化操作。

3. JavaScript埋点技术可以分为三种实现方式，分别为_____、_____以及_____。

二、单项选择题

1. 下段代码输出结果是（　　）。

```
var arr = [2,3,4,5,6];
var sum =0;
for(var i=1;i < arr.length;i++) {
    sum +=arr[i]      }
console.log(sum);
```

A．20　　　　　　B．18　　　　　　C．14　　　　　　D．12

2. 以下关于Array数组对象的说法不正确的是（　　）。

    A．对数组里数据的排序可以用sort函数，如果排序效果非预期，可以给sort函数加一个排序函数的参数

    B．reverse用于对数组数据的倒序排列

    C．向数组的最后位置加一个新元素，可以用pop方法

    D．unshift方法用于向数组删除第一个元素

3. 以下代码运行的结果是输出（　　）。

```
var a = b = 10;
(function(){
    var a=b=20
})();
console.log(b);
```

    A．10   B．20   C．报错   D．undefined

4. 以下代码运行后的结果是输出（　　）。

```
var a=[1, 2, 3];
console.log(a.join());
```

    A．123   B．1, 2, 3   C．1 2 3   D．[1, 2, 3]

5. 在JavaScript中，'1555'+3的运行结果是（　　）。

    A．1558   B．1552   C．15553   D．1553

三、简答题

简述JavaScript埋点的意义。

参 考 文 献

[1] 马明建. 数据采集与处理技术[M]. 西安：西安交通大学出版社，2005.

[2] MILTON M. 深入浅出数据分析[M]. 李芳，译. 北京：电子工业出版社，2013.

[3] LOUKAS D K. 精通Python爬虫框架Scrapy[M]. 李斌，译. 北京：人民邮电出版社，2018.

[4] YOSIFOVICH P, IONESCU A, RUSSINOVICH M. 等. 深入解析Windows操作系统：卷I[M]. 7版. 北京：人民邮电出版社，2018.

[5] WELSH M, DALHEIMER M, KAUFMAN. LINUX权威指南[M]. 3版. 洪峰，译. 北京：中国电力出版社，2000.

[6] 唐松. Python网络爬虫从入门到实践[M]. 2版. 北京：机械工业出版社，2019.

[7] 诣极，林琳. 深入理解Apache Dubbo与实战[M]. 北京：电子工业出版社，2015.

[8] BRITTAIN J, DARWIN I F. Tomcat权威指南[M]. 2版. 吴豪，刘运成，杨前凤，等译. 北京：中国电力出版社，2009.

[9] 刘光瑞. Tomcat架构解析[M]. 北京：人民邮电出版社，2009.

[10] 王灼洲. Android全埋点解决方案[M]. 北京：机械工业出版社，2009.